Andreas Achilles, Diane Navratil

Glasbau

Andreas Achilles, Diane Navratil

Glasbau

BIRKHÄUSER
BASEL

Inhalt

VORWORT _7

EINLEITUNG _8

BAUSTOFF GLAS_9
    Glasherstellung _9
    Basisprodukte _9
    Verarbeitung und Veredelung _12

FUNKTIONSGLÄSER _21
    Wärmeschutzglas _21
    Sonnenschutzglas _24
    Schallschutzglas _27
    Brandschutzglas _28
    Sicherheitssonderverglasung _30
    Isolierglas mit integrierten Elementen _31
    Besondere Funktionsschichten _35

DESIGNGLÄSER _36
    Ornamentglas _36
    Glas mit mattierter Oberfläche _36
    Farbiges Glas _37

KONSTRUKTION UND FÜGUNG _42
    Allgemeines _42
    Linienförmig gelagerte Verglasungen _42
    Glas und Rahmen _42
    Punktförmig gelagerte Verglasungen _47
    Glasfuge und Glasecke _52
    Structural Sealant Glazing (SSG) _55

ANWENDUNGEN _57
    Vertikalverglasungen _57
    Öffnungen _59
    Absturzsichernde Verglasungen _63
    Überkopfverglasungen _65
    Betretbare und begehbare Verglasungen _67
    Profilbauglas _69
    Tragwerke aus Glas _71

SCHLUSSWORT _75

ANHANG _76
Normen, Richtlinien, Verordnungen_76
Literatur _78
Bildnachweis _79
Die Autoren _79

Vorwort

Glas ist einer der reizvollsten Baustoffe. Er verbindet Räume miteinander und trennt sie gleichzeitig voneinander. Die verschiedenen Glasarten reichen von vollkommener Transparenz und Offenheit bis hin zu Gläsern einer Fassade, die durch Spiegelung für hermetische Trennung sorgen. Diese Vielfalt macht Glas einzigartig in der Architekturgestaltung.

Glas ist in seiner Reinform ein mit Bedacht zu verbauendes Material. Es bricht sehr schnell und oft unerwartet und ist gegenüber mechanischen Beanspruchungen empfindlich. Aufgrund der fortschreitenden Forschung bietet jedoch kein anderer Baustoff ein solch großes Entwicklungspotenzial und eine so facettenreiche Bandbreite an Anwendungsmöglichkeiten – bis hin zu durchschusssicheren Gläsern und zur Ausbildung reiner Glastragwerke.

Der Einsatz des Baustoffs Glas ist immer an das Wissen um technische Eigenschaften und Möglichkeiten gekoppelt. Nur mit Kenntnis der Eigenschaften verschiedener Gläser, der Komponenten und Elemente einer Glaskonstruktion und der Grenzen des Materials ist es für Architekten möglich, mit diesem Baustoff kreative Lösungen zu entwickeln und die gegebenen Grenzen immer wieder zu durchbrechen.

Der vorliegende Band *Glasbau* im Themenblock Konstruktion setzt hier an und vermittelt dem Leser ein Verständnis für die besonderen Eigenschaften des Glases und die konstruktiven Möglichkeiten, die der Baustoff bietet. Über den Wissensaufbau vom Baustoff bis hin zu komplexen Konstruktionen und Anwendungen versetzt er Architekturstudenten in die Lage, selbst über kreative Lösungen auch außerhalb der standardisierten Angebote der Bauindustrie nachzudenken. Viele Fortschritte im Glasbau sind nicht nur durch Materialforschung im Labor, sondern durch innovative und unkonventionelle Entwürfe von Architekten entstanden, die Herausforderungen angenommen und Impulse für stetig neue Entwicklungen und Anwendungen gegeben haben. *Basics Glasbau* soll dazu anregen, mit dem Wissen über Glas die Möglichkeiten für eigene Entwürfe auszuloten und vielleicht neue Ansätze zu entwickeln.

Bert Bielefeld, Herausgeber

Einleitung

Wie kaum ein anderes Material besitzt der Werkstoff Glas eine über die reine Funktion hinausgehende Symbolhaftigkeit, die eine besondere Faszination ausübt. Schon in den Glasfenstern der Gotik wurde das Spiel mit dem Licht bewusst inszeniert, um ein Gefühl der Transzendenz zu erzeugen. In den architektonischen Visionen der Moderne schließlich erhielt der transparente Werkstoff eine zentrale Bedeutung, wobei Glas je nach theoretischem Ansatz eine andere Rolle spielte. Geschätzt wurde sowohl die Transparenz des Glases, die eine fast entmaterialisierte Hülle und damit fließende, offene Räume ermöglichte, als auch das Grazile, Kantige und Funkelnde des Materials. Als besonders zukunftsweisend sollte sich die Emanzipation des Glases vom Füllmaterial relativ kleiner Fenster zum selbstständigen Element herausstellen. Energetische Probleme und die Nichtbeachtung bauphysikalischer Belange beendeten jedoch vorerst die Euphorie um das Material.

Heute ist mit dem Umdenken hin zu energetisch sinnvollen Lösungen sowie unter anderem der Entwicklung von leistungsfähigen Wärme- und Sonnenschutzgläsern das Material Glas zu einem Hochleistungswerkstoff aufgestiegen. Als solcher erfüllt er neben funktionalen auch gestalterische Anforderungen und erschließt sich immer neue Anwendungsgebiete.

Bei allen Möglichkeiten, die Glas bietet, darf jedoch nicht vergessen werden, dass es sich hierbei um einen spröden Werkstoff handelt. Glas bricht bei punktueller Überbeanspruchung schlagartig und ohne Vorankündigung. Dieser Umstand erfordert ein genaues Wissen um die Eigenart des Materials und große Sorgfalt bei der Planung und Umsetzung von Verglasungskonstruktionen.

Dieses Buch führt den Studierenden schrittweise an die Grundlagen des Baustoffes Glas und des Glasbaus heran. In den ersten drei Kapiteln lernt der Leser die Eigenschaften und die Vielfalt der heutigen Baugläser kennen, anschließend die wichtigsten Konstruktionsprinzipien und schließlich die unterschiedlichen Anwendungsbereiche und deren Randbedingungen. Die technischen Grundlagen werden in ihrem Prinzip und anhand von einfachen Beispielen verständlich und strukturiert erklärt. Der Studierende erhält auf diese Weise eine Übersicht über den gegenwärtigen Stand der Technik und wird in die Lage versetzt, selbstständig mit dem Baustoff Glas zu planen und eigene Ideen zu verwirklichen.

Baustoff Glas

GLASHERSTELLUNG

Glas entsteht durch das Erhitzen eines Gemenges, das zum Großteil aus Quarzsand (Siliziumoxid) und Soda (Natriumcarbonat) besteht. Soda dient als sogenanntes Flussmittel der Reduzierung der hohen Schmelztemperatur von Quarzsand (ca. 1700 °C). Die bei über 1100 °C gewonnene Schmelze erstarrt dabei amorph, d. h. im Wesentlichen ohne Kristallbildung. Da der Strukturzustand von Glas dem Zustand von Flüssigkeiten ähnelt, wird Glas auch als „unterkühlte Schmelze" bezeichnet. > Tab. 1 Gemenge

Im Bauwesen kommt am häufigsten Kalk-Natronglas zur Anwendung, dessen wesentliche Bestandteile Siliziumdioxid, Calciumoxid und Natriumoxid sind. Borosilicatglas, das anstelle von Calciumoxid Boroxid enthält, wird aufgrund seiner hohen chemischen und thermischen Beständigkeit gerne als Brandschutzglas eingesetzt. Keine Bedeutung haben im Bauwesen Bleiglas, aus dem u. a. Bleikristall hergestellt wird, und Spezialglas, welches zum Beispiel in optischen Geräten eingesetzt wird. Glaskeramik wird dagegen neuerdings auch als Fassadenverkleidung verwendet. Transparente Kunststoffgläser wie Acrylglas und Polycarbonat sind gegenüber mineralischem Glas leichter und einfacher zu verarbeiten, aber aufgrund ihrer geringeren Oberflächenhärte auch wesentlich kratzempfindlicher und nicht so alterungsbeständig. Glasarten

BASISPRODUKTE

Glasprodukte, die ihre Form während der Glasherstellung im „heißen" Zustand oder unmittelbar nach dem Abkühlen erhalten, werden allgemein als Basisprodukte oder Basisgläser bezeichnet. Im Bauwesen kommen ganz unterschiedliche Basisgläser zum Einsatz. Neben klaren Flachgläsern mit glatter Oberfläche werden auch Gläser mit besonders gestalteter Oberfläche oder besonderer Formgebung verwendet. Häufig

Tab. 1: Glaszusammensetzung nach EN 572, Teil 1

Siliziumdioxid	SiO_2	69–74 %
Calciumoxid	CaO	5–12 %
Natriumoxid	Na_2O	12–16 %
Magnesiumoxid	MgO	0–6 %
Aluminiumoxid	Al_2O_3	0–3 %

werden Basisgläser nach der Herstellung noch weiter verarbeitet oder veredelt. > Kap. Baustoff Glas, Verarbeitung und Veredelung

Nachfolgend werden die im Bauwesen relevanten Basisgläser und deren Herstellungsverfahren beschrieben.

Floatglas

Floatverfahren

Floatglas ist das am häufigsten verwendete Basisglas. Es wird im Floatverfahren (*to float* – „obenauf schwimmen") hergestellt. Das 1960 entwickelte Floatverfahren stellt einen Meilenstein in der Geschichte der Flachglas-Herstellung dar, da es erstmals ermöglichte, in großen Mengen klar durchsichtiges Glas mit nahezu planen Oberflächen herzustellen.

Bei der Produktion wird zunächst das Gemenge aus Rohstoffen im Ofen geschmolzen. Anschließend läuft das flüssige Glas auf ein flaches Bad aus geschmolzenem Zinn. Aufgrund des niedrigeren spezifischen Gewichts schwimmt das Glas auf dem Zinn und erhält somit seine ebene Oberfläche. Es entsteht ein langsam erstarrendes, endloses Glasband, dessen Dicke durch die Geschwindigkeit bestimmt wird, mit der es über das Zinnbad gezogen wird. Nach dem Zinnbad oder Floatbad durchläuft das Glasband eine Kühlzone und wird anschließend in Tafeln geschnitten.
> Abb. 1

Das reguläre Lieferformat, genannt Bandmaß, beträgt 600 × 321 cm. Sogenannte Nenndicken sind 2, 3, 4, 5, 6, 8, 10, 12, 15 und 19 mm.

Fensterglas

Die Bezeichnung Fensterglas ist etwas irreführend, da für Fenster heute meistens Floatglas verwendet wird. Fensterglas wird heute nur noch vereinzelt in sogenannten Ziehglasanlagen erzeugt, in denen das Glasband senkrecht oder auch waagerecht aus dem Schmelzofen gezogen wird. In diesem Verfahren werden heute bestimmte Arten farbiger Gläser oder auch spezielle Gläser, wie z. B. sehr dünne Gläser, hergestellt. Die Oberflächenqualität ist etwas schlechter als die von Floatglas, da sogenannte Ziehwellen erkennbar sind.

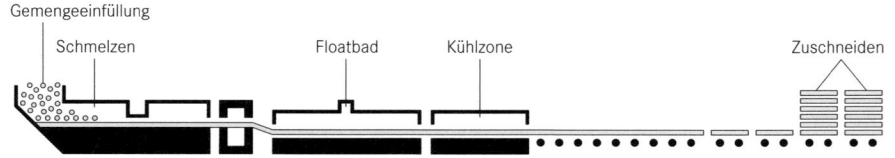

Abb. 1: Schemadarstellung Floatverfahren

Abb. 2: Ornamentglas

Abb. 3: Verschiedene Profilbaugläser

Gussglas

Die Herstellung von Guss- oder Walzglas erfolgt im Walzverfahren, wobei die Glasmasse zwischen zwei wassergekühlten Walzen zu einem endlosen Glasband geformt wird. Mit Hilfe in den Walzen eingravierter Dekore erhält das Glasband eine Strukturoberfläche. Zur Herstellung von Drahtglas oder Drahtornamentglas kann ein Drahtnetz in das Glas eingewalzt werden. Gussglas wird aufgrund seiner strukturierten oder ornamentalen Oberfläche auch als Ornamentglas bezeichnet und eignet sich u. a. für Raumabtrennungen oder Fassadenöffnungen, wenn eine freie Durchsicht nicht erwünscht oder nicht erforderlich ist. > Abb. 2 und Kap. Designgläser, Ornamentglas

Walzverfahren

Profilbauglas

Profilbauglas wird in einem ähnlichen Prozess hergestellt wie Gussglas. Zusätzlich zur Oberflächenstruktur erhält das Glas eine statisch günstige Querschnittsform (U-Profil), wodurch beachtliche Spannweiten realisiert werden können. > Abb. 3

Aufgrund seiner Wirtschaftlichkeit wurde und wird Profilbauglas häufig in Fassaden von Industriebauten eingesetzt. Allgemein ist Profilbauglas heute in der Architektur ein beliebtes Baumaterial. > Kap. Anwendungen, Profilbauglas

Abb. 4: Glasbausteine

Pressglas

Glasbausteine Pressglas ist die allgemeine Bezeichnung für Glasbausteine, Glasdachsteine oder Betongläser. Diese werden durch Verschmelzen zweier in Form gepresster Glaskörper gefertigt (Pressverfahren). Beim Abkühlen entsteht im eingeschlossenen Hohlraum des Glasbausteins ein Unterdruck, welcher die Kondensatbildung nahezu unmöglich macht. Glasbausteine werden gerne im Innenausbau verwendet oder als transluzente Elemente in massive Außenwände eingesetzt. Betongläser finden vorwiegend im Glasstahlbetonbau Verwendung, da sie auch für höhere statische Belastungen geeignet sind. > Abb. 4

VERARBEITUNG UND VEREDELUNG

Die meisten Basisgläser können nach ihrer Herstellung weiterverarbeitet und veredelt werden, was die Möglichkeit bietet, neben Form und Gestalt auch die bauphysikalischen und statischen Eigenschaften zu beeinflussen. Die Bandbreite der Veredelungen reicht von mechanischer und thermischer Behandlung bis hin zu Oberflächenbeschichtung und Oberflächengestaltung.

Mechanische Bearbeitung

Bearbeitungsvorgänge wie Schneiden, Bohren, Schleifen und Polieren werden allgemein als mechanische Bearbeitung oder mechanische Veredelung bezeichnet.

Schneiden Durch Glasschneiden erhält das Glas die gewünschte Umrissform. Dabei handelt es sich nicht wirklich um einen Schneidevorgang, da mit Schneidrad oder Diamant die Glasoberfläche nur angeritzt wird, um das

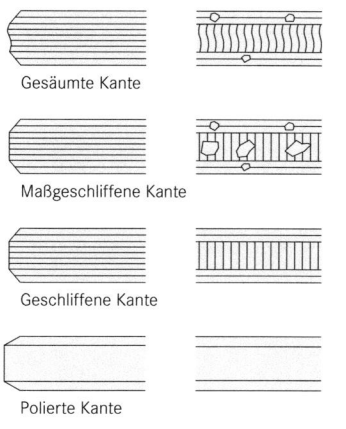

Abb. 5: Glaskanten

Glas erst anschließend durch gefühlvolle Querbiegung entlang des Anrisses zu brechen. Das direkt vom Floatwerk gelieferte, auf Bandmaß (600 × 321 cm) zugeschnittene Glas wird im Verarbeitungswerk auf das gewünschte <u>Festmaß</u> gebracht. Der Zuschnitt und auch die weitere Bearbeitung erfolgen meist maschinell. Komplizierte Formzuschnitte können zum Beispiel mittels <u>Wasserstrahlschneiden</u> präzise hergestellt werden. Der Zuschnitt erfolgt dabei mit Hilfe eines Hochdruckwasserstrahls (Wasserdruck bis zu 6000 bar), dem ein Schneidmittel, ein sogenanntes Abrasiv, zugesetzt wird.

Da die <u>Glasränder</u> nach dem Zuschnitt noch scharf sind, ist zum Schutz vor Schnittverletzungen und aus produktionstechnischen Gründen eine <u>Kantenbearbeitung</u> erforderlich. Diese lässt sich nach den nachfolgend dargestellten Kantenausführungen unterscheiden. > Abb. 5 und Tab. 2 ○

Kantenbearbeitung

○ **Hinweis:** Die Kantenbearbeitung hat nicht nur Auswirkungen auf die optische Qualität der Glastafel, sondern auch auf deren Stabilität. Inhomogene oder scharfkantige Glasränder begünstigen die Entstehung von Glasschäden (Rissen, Ausmuschelungen). Die Kantenbearbeitung sollte daher unbedingt vor Auftragserteilung bestimmt und eventuell auch bemustert werden.

Tab. 2: Kantenbearbeitung

Bezeichnung	Definition
Geschnitten	Beim Schneiden von Flachglas entstehende unbearbeitete Glaskante mit scharfen Rändern
Gesäumt	Geschnittene Kante, deren Ränder mit einem Schleifwerkzeug gebrochen sind
Maßgeschliffen	Scheibe, die durch Schleifen auf das erforderliche Maß gebracht wird. Die Kante kann blanke Stellen und Ausmuschelungen enthalten.
Geschliffen	Die gesamte Kante erhält durch Schleifen ein seidenmattes Aussehen. Blanke Stellen und Ausmuschelungen sind nicht zulässig.
Poliert	Durch Polieren verfeinerte geschliffene Kante

Bohrungen   Verschiedene Anwendungen des modernen Glasbaus erfordern Bohrungen innerhalb der Glasfläche. Diese Bohrungen ermöglichen es, Glastafeln punktförmig zu befestigen. Da Glas ein sehr hartes und sprödbrüchiges Material ist, verlangen alle mechanischen Bearbeitungsschritte ein entsprechend aufwendiges Werkzeug, beim Bohren z. B. einen diamantbesetzten, wassergekühlten Hohlbohrer. Es wird von beiden Seiten gegeneinander gebohrt, um ein Ausbrechen auf der Gegenseite zu vermeiden. Da im Bereich der Lochlaibung die lokalen Spannungen sehr hoch sein können, werden die Scheiben nach dem Bohren thermisch vorgespannt, um die Glasfestigkeit zu erhöhen.

Thermische Bearbeitung

Biegen   Gebogenes Glas wird aus Flachglas hergestellt, welches über die Erweichungstemperatur von ca. 600 °C erhitzt wird, um dann in die gewünschte Form gebracht zu werden. Glas kann einfach (zylindrisch) oder auch zweifach (sphärisch) gebogen werden, z. B. für ein Ganzglas-Kuppeldach.

Vorspannen   Einscheibensicherheitsglas (ESG) ist ein thermisch vorgespanntes Glas, welches im Vorspannofen unter kontrollierten Bedingungen auf ca. 600 °C erhitzt und anschließend sehr schnell abgekühlt wird. Somit kann der im Prozess erzeugte Spannungszustand des Glases „eingefroren" werden, wodurch das Material eine wesentlich höhere Biegefestigkeit erhält. > Abb. 6

Darüber hinaus verfügt ESG auch über eine wesentlich höhere Temperaturwechselbeständigkeit als Floatglas. ESG hält einem schroffen Temperaturwechsel von bis zu 150 K stand, während Floatglas nur eine Temperaturwechselbeständigkeit von 40 K aufweist. Die Einstufung als Sicherheitsglas hat ESG aber vor allem seinem Bruchverhalten zu verdanken. Im Bruchfall zerspringt es, bedingt durch seinen Eigenspannungszustand, schlagartig in kleine stumpfkantige Bruchstücke, was das

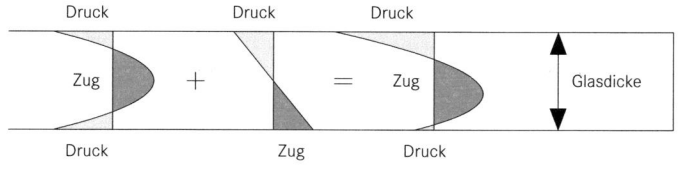

Abb. 6: Resultierender Spannungsverlauf bei biegebeanspruchtem ESG

Risiko schwerer Schnittverletzungen wesentlich reduziert. Dass die Bruchstücke miteinander verhakt sind, stellt auf der einen Seite einen Vorteil dar, da die gebrochene Scheibe meist noch im Rahmen verbleibt. Auf der anderen Seite bringen die verhakten Bruchstücke auch Risiken für unterhalb der Verglasung liegende Verkehrsflächen mit sich, da relativ große zusammenhängende Glasteile herunterfallen können.

Eine seltene, aber dennoch unerwünschte Eigenschaft von ESG ist der sogenannte Spontanbruch: Winzige, mit dem bloßen Auge nicht erkennbare Einschlüsse aus Nickelsulfid, die im Laufe der Zeit ihr Volumen vergrößern, können auch noch Jahre nach dem Einbau einen unvorhersehbaren Bruch der Scheibe auslösen. Ein probates Mittel zur Feststellung von Nickelsulfideinschlüssen ist der Heißlagerungstest (Heat-Soak-Test), bei dem die Scheiben auf etwa 290 °C erwärmt werden. Während der Lagerungszeit von etwa vier Stunden im Heat-Soak-Ofen gehen die ESG-Scheiben mit Nickelsulfideinschlüssen mit höchster Wahrscheinlichkeit zu Bruch und werden gar nicht erst eingebaut. Nach EN 14179 erhält heiß gelagertes ESG die Normbezeichnung ESG-H.

○ Heißlagerungstest

○ **Hinweis:** Aufgrund seines Eigenspannungszustands kann ESG nicht mehr nachträglich geschnitten, gebohrt oder geschliffen werden. Die Glasscheibe würde dabei zu Bruch gehen. Daher müssen alle erforderlichen mechanischen Bearbeitungsschritte vor der thermischen Bearbeitung erfolgen.

Unter bestimmten Tageslichtverhältnissen oder unter polarisiertem Licht werden bei ESG, das durch den Vorspannprozess ein richtungsabhängiges Gefüge (anisotropes Gefüge) erhalten hat, <u>Anisotropien</u> sichtbar. Verursacht durch Doppelbrechung der Lichtstrahlen in den Spannungszonen, lassen sie Muster oder Strukturwolken in den Spektralfarben erkennen.

TVG <u>Teilvorgespanntes Glas (TVG)</u> wird in einem ähnlichen Prozess hergestellt wie ESG. Es wird jedoch langsamer abgekühlt, was zu einer geringeren Druckspannung in der Oberfläche, einer geringeren Biegezugfestigkeit und zu einem anderen Bruchbild als bei ESG führt. Das Bruchbild von TVG ähnelt dem von unvorgespanntem Glas: Es treten einige wenige Radialrisse vom Bruchzentrum aus auf, und die Bruchstücke sind entsprechend groß. Da die Gefahr von schweren Schnittverletzungen größer ist als bei ESG, darf TVG nicht als Sicherheitsglas eingestuft werden.

Im Gegensatz zu ESG treten bei TVG keine Spontanbrüche durch eingeschlossene Nickelsulfidkristalle auf. Ein nachträgliches Bearbeiten (Schleifen) der Kanten ist bei TVG in Ausnahmefällen möglich, sollte aber

○ im Normalfall vor dem Vorspannen stattfinden.

Chemische Bearbeitung

Die Druckspannung an der Oberfläche von Glas lässt sich auch chemisch erzeugen, indem das Glas in eine elektrolytische Flüssigkeit getaucht wird. Durch diesen Vorgang können auch sehr dünne Gläser mit räumlich komplexer Geometrie vorgespannt werden. <u>Chemisch vorgespanntes Glas</u> hat im Bauwesen aber eine nur sehr geringe Bedeutung.

Verbundglas und Verbundsicherheitsglas

<u>Verbundsicherheitsglas (VSG)</u> besteht aus mindestens zwei Scheiben, die durch eine Folie aus Polyvinylbutyral (PVB) zusammengehalten werden. > Abb. 7 und 8

Das Glas wird häufig im Bauwesen, etwa bei absturzsichernden Verglasungen oder Überkopfverglasung, sowie im Fahrzeugbau eingesetzt.

○ **Hinweis:** Die Biegezugfestigkeit von TVG beträgt 70 N/mm^2, die von ESG 120 N/mm^2 und die von normalem Glas 40 N/mm^2. Die Temperaturwechselbeständigkeit liegt bei 40 K (normales Glas), 100 K (TVG) und 150 K (ESG). Hinsichtlich der Widerstandsfähigkeit gegen Schlag, Druck und Temperaturspannung gilt daher folgende Faustregel: Faktor 1 für Normalglas, Faktor 2 für TVG und Faktor 3 für ESG.

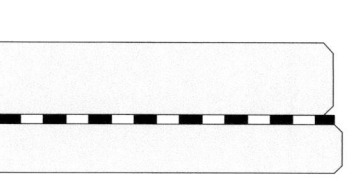 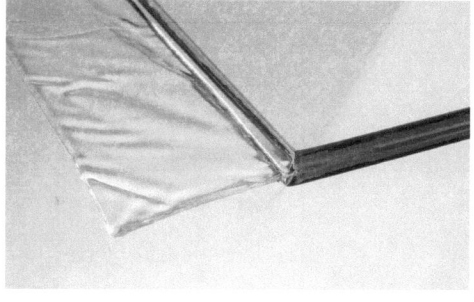

Abb. 7: Aufbau von Verbundsicherheitsglas (VSG)   Abb. 8: PVB-Folie

Ein wesentlicher Grund für diese Anwendungen liegt in der splitterbindenden Eigenschaft von VSG. Beim Bruch der Scheibe bleiben die Glassplitter in der Regel an der transparenten PVB-Folie haften. Ein Durchdringen der Folie ist nur schwer möglich, wodurch sich die Verletzungsgefahr erheblich reduziert.

Die zähelastische PVB-Folie zeichnet sich durch ihre gute Haftung am Glas, ihre hohe Reißfestigkeit sowie hohe Transparenz und Lichtbeständigkeit aus. Die Nenndicke der PVB-Folie beträgt 0,38 mm oder je nach Anforderung ein Vielfaches davon. Somit ergeben sich Nenndicken von 0,38 mm, 0,76 mm oder 1,52 mm. Die Herstellung von VSG erfolgt in drei Arbeitsschritten: Zunächst wird unter Reinraumbedingungen ein Vorverbund zwischen Glas und Folie hergestellt. Danach durchlaufen Glas und Folie den Vorverbundofen, in dem unter Temperatureinfluss und Walzendruck die Haftung zwischen Glas und Folie erhöht wird. Der endgültige Verbund wird dann im Autoklaven unter hohem Druck und bei großer Hitze erreicht. Erst dadurch erhält die ursprünglich trübe Folie ihre hohe Transparenz.

Mehrschichtige Gläser mit Zwischenschichten, die nicht aus PVB bestehen, werden allgemein als Verbundgläser (VG) bezeichnet. Meist genügen diese Gläser nicht den Anforderungen, die an Sicherheitsgläser gestellt werden, und dürfen deshalb ohne besonderen Nachweis nicht als solche bezeichnet werden. In Verbundgläser können z. B. Fotovoltaikmodule integriert werden, wobei eine EVA-Folie (Ethylen-Vinylacetat) zum Einsatz kommt.

Mehrscheiben-Isolierglas

Zur verbesserten Wärmedämmung im Fensterbereich von Gebäuden wird heute nahezu ausschließlich Isolierglas verwendet. Der lineare Verbund zweier oder mehrerer Glasscheiben an ihrem Rand wird Mehrscheiben-Isolierglas (MIG) genannt. Dabei wird entfeuchtete Luft oder Edelgas im Scheibenzwischenraum (SZR) hermetisch eingeschlossen.

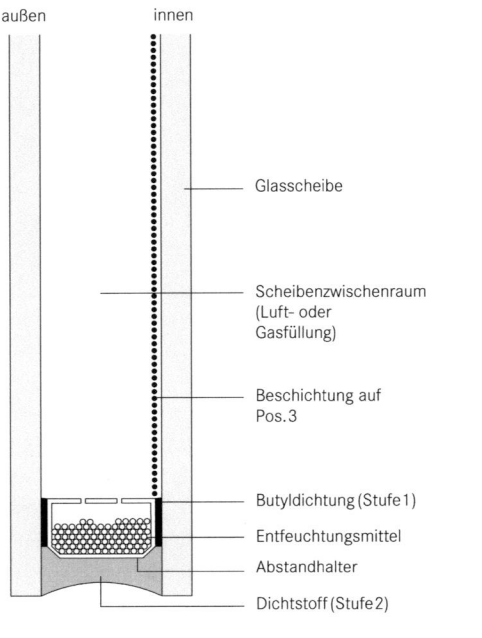

Abb. 9: Randverbund von Isolierglas

Randverbund
Der umlaufende <u>Randverbund</u> besteht aus einem Abstandhalter aus Aluminium, Edelstahl oder Kunststoff sowie aus Dichtstoffen. > Abb. 9

Der Abstandhalter ist mit einem hygroskopischen Entfeuchtungsmittel gefüllt, welches die im Gas oder der Luft enthaltene Restfeuchtigkeit absorbiert. Dies verhindert die Bildung von Tauwasser im SZR. Die Dichtigkeit wird über eine zweistufige Dichtung erreicht. Die erste Stufe besteht aus einer Butyldichtung, die den Abstandhalter zugleich mit dem Glas verklebt, die zweite Stufe aus einem dauerelastischen Dichtungsmaterial, z. B. Polysulfid, Polyurethan oder auch Silikon.

Im Scheibenzwischenraum werden heute vorwiegend die Edelgase Argon oder Krypton und in seltenen Fällen auch Xenon eingesetzt, denn Edelgas verbessert die Wärmedämmung des Glases im Vergleich zu getrockneter Luft. Eine deutliche Verbesserung des Wärmeschutzes erhalten Isoliergläser aber erst durch eine <u>Beschichtung</u> der Glasoberfläche.

Isolierglaseffekt
Da die Luft im Scheibenzwischenraum von Isoliergläsern hermetisch abgeschlossen ist, führen wechselnde Druckdifferenzen zwischen eingeschlossenem Gas und der Atmosphäre zu einem Einbauchen bzw. Ausbauchen der Scheiben. > Abb. 10

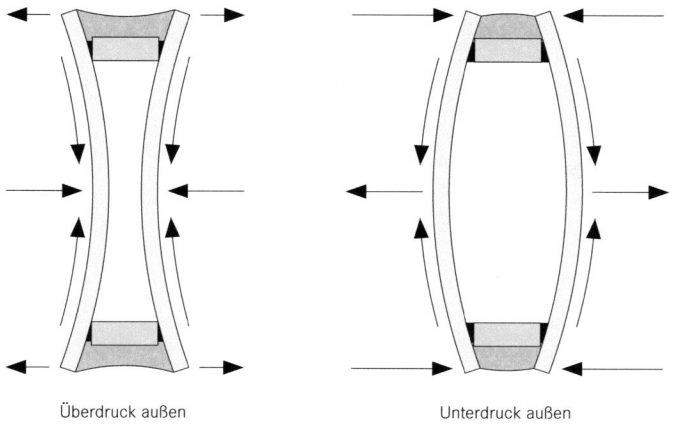

Überdruck außen　　　　　Unterdruck außen

Abb. 10: Darstellung des Isolierglaseffekts

Die Reflexionen auf der Scheibe erscheinen dadurch verzerrt. Durch die Druckdifferenzen entstehen zusätzliche Lasten, die auf die Scheibe einwirken, die Klimalasten. Sie beanspruchen das Glas und den Randverbund in besonderem Maße. Insbesondere bei kleinen oder sehr schlanken Formaten kann dieser Isolierglaseffekt auch zu einer Überbeanspruchung und vorzeitigen Schädigung des Randverbundes führen.

Oberflächenbeschichtung

Durch Beschichtung der Glasoberfläche lassen sich je nach gestellter Anforderung die optischen sowie die bauphysikalischen Eigenschaften des Glases maßgeblich beeinflussen. Als Beschichtungsmaterialien werden im Wesentlichen Metalle und Metalloxide verwendet. Heute lassen sich Gläser mit Eigenschaften wie Wärmeschutz, Sonnenschutz, Entspiegelung oder Verspiegelung sowie Gläser mit Farbeffekten oder Schmutz abweisender Wirkung herstellen. Die hauchdünnen Schichten beeinflussen die statischen Eigenschaften des Glases nicht, sind aber selbst oft nicht resistent gegen Umwelteinflüsse (Korrosion) oder mechanische Einflüsse (Kratzempfindlichkeit). Aus diesem Grund können viele Schichten, insbesondere leistungsfähige Wärmeschutz- oder Sonnenschutzschichten, ausschließlich auf der zum Scheibenzwischenraum hingewandten Glasoberfläche von Isolierglas (d. h. Position 2 oder Position 3 in Abb. 11) aufgetragen werden. > Abb. 11

Die Beschichtung erfolgt entweder noch während der Floatglasherstellung, sozusagen „online", oder erst nach dem Herstellungsprozess,

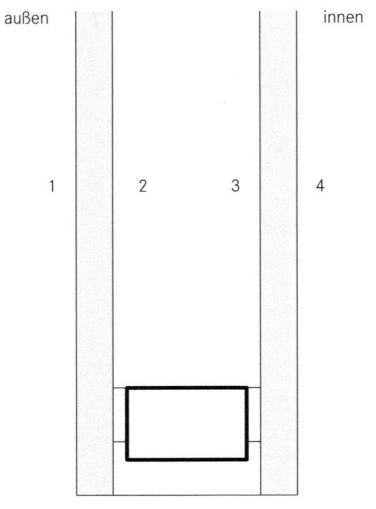

Abb. 11: Positionsbezeichnung bei Isolierglas

also „offline". Im Onlineverfahren werden flüssige Metalloxide auf die noch heiße Glasoberfläche aufgebracht und somit fest mit dem Glas verbunden (Pyrolyse). Man erhält eine sehr widerstandsfähige Schicht („Hard Coating"), die auch für den Einsatz auf der äußeren Glasoberfläche (Position 1 in Abbildung 11) geeignet ist.

Die meisten Sonnenschutz- und Wärmeschutzgläser werden inzwischen mit dem modernen Kathodenstrahlverfahren (Magnetron-Sputter-Verfahren) hergestellt, da dieses Verfahren das mehrfache Auftragen extrem dünner Schichten ermöglicht (die Schichtdicke liegt im Nanometer-Bereich). Gläser lassen sich auch im Tauchverfahren (Sol-Gel-Verfahren) beschichten, wobei man das Glas mehrfach in ein Sole-Bad eintaucht. Nach jedem Tauchvorgang wird die von der Glasoberfläche aufgenommene Schicht eingebrannt.

Oberflächengestaltung

Neben der Oberflächenbeschichtung gibt es verschiedene weitere Verfahren, mit deren Hilfe die Oberfläche von Glas gestaltet werden kann. Ein beliebtes Mittel zur individuellen Farbgestaltung ist das vollflächige oder teilflächige Bedrucken der Glasoberfläche. Außer durch Bedrucken kann auch durch Ätzen oder Sandstrahlen des Glases eine transluzente Oberfläche hergestellt werden. > Kap. Designgläser

Funktionsgläser

WÄRMESCHUTZGLAS

Der Einsatz von Wärmeschutzglas ist aufgrund energieökonomischer Anforderungen an Gebäude in den kalten und gemäßigten Klimazonen eine absolute Selbstverständlichkeit geworden. In den achtziger Jahren wurde die Verglasung noch für den hohen Jahresheizwärmebedarf verantwortlich gemacht. Heute sind auch großzügig verglaste Gebäude mit sehr niedrigem oder gar keinem fossilen Energieverbrauch realisierbar.

Die Maßeinheit zur Ermittlung des Wärmeverlustes von Bauteilen und somit auch von Fenstern und Verglasungen ist der <u>Wärmedurchgangskoeffizient (U-Wert)</u> gemäß EN 673. Der Wärmedurchgangskoeffizient gibt den Wärmestrom an, der durch 1 m² eines Bauteils bei einem Temperaturunterschied zwischen Raum- und Außenluft von 1 K strömt (Einheit = W/m²K). Entscheidend für die Dämmeigenschaften eines Fensters sind aber der Aufbau des Glases <u>und</u> des Rahmens. Deshalb wird in der Bauphysik zwischen dem U_g-Wert (g = glazing) der Verglasung und dem U_w-Wert (w = window) des gesamten Fensters unterschieden. Da die Wärmeübertragung am Fensterrand in der Regel höher ist als in Scheibenmitte, ist der U_w-Wert ebenfalls höher und damit schlechter als der U_g-Wert. Die Berechnung des U_w-Wertes wird wie folgt vorgenommen:

Wärmedurchgangskoeffizient

$$U_w = \frac{U_g \times A_g + U_f \times A_f + \varphi \times L_g}{A_w} \; (W/m^2 K).$$

U_w = Wärmedurchgangskoeffizient Fenster
U_g = Wärmedurchgangskoeffizient in Scheibenmitte
A_g = Glasfläche
U_f = Wärmedurchgangskoeffizient des Fensterrahmens
A_f = Rahmenfläche
φ = Linearer Wärmedurchgangskoeffizient des Glasrandes
L_g = Glasrandlänge
A_w = Gesamte Fensterfläche

Der U_g-Wert eines Isolierglases aus zwei Scheiben ohne Beschichtung und mit Luftfüllung liegt bei etwa 2,8–3,0 W/m²K. Mit Edelgasfüllung und Beschichtung (in der Regel auf Position 3) werden hingegen U_g-Werte von 1,1 W/m²K (mit Argonfüllung) und 1,0 W/m²K (mit Kryptonfüllung) erreicht. Dreischeibenisolierglas erreicht einen Wert von etwa 0,6 W/m²K mit Argonfüllung bzw. 0,5 W/m²K mit Kryptonfüllung. > Tab. 3

Tab. 3: Bauphysikalische Kennwerte verschiedener Wärmeschutzgläser

Aufbau (mm)/Fabrikat	U_g-Wert (W/m²K)	g-Wert (%)	Lt-Wert (%)
Zweischeibenisolierglas 4/16/4 Argon	1,1	63	80
Zweischeibenisolierglas 4/10/4 Krypton	1,0	60	80
Dreischeibenisolierglas 4/14/4/14/4 Argon	0,6	50	71
Dreischeibenisolierglas 4/12/4/12/4 Krypton	0,5	55	72

U_g-Wert = Wärmedurchgangskoeffizient
g-Wert = Gesamtenergiedurchlassgrad
L_t-Wert = Lichtdurchlässigkeit
Die genannten Kennwerte sind spezifische Angaben verschiedener Hersteller und besitzen daher keine Allgemeingültigkeit.

Der Wärmedurchgang beim Isolierglas erfolgt zu einem Drittel über Konvektion und Wärmeleitung sowie zu zwei Drittel über Wärmestrahlung. Den Energietransport in einem gasförmigen Medium bezeichnet man als Konvektion. Durch den Temperaturunterschied zwischen den beiden Scheiben gerät das Gas im SZR in Bewegung und transportiert somit die Wärme von der warmen zur kalten Scheibe. Wärmeleitung ist der Energietransport durch einen festen Körper, in diesem Fall der Energiefluss durch das Glas und den Randverbund. Die Wärmestrahlung umfasst bei Glasscheiben den direkten Strahlungsaustausch zwischen der warmen und der kalten Glasoberfläche. > Abb. 12

Wärmeschutzbeschichtung
Die Wärmeschutzbeschichtung hat die Funktion, den Energieverlust durch Wärmestrahlung zu reduzieren, deshalb wird diese Funktionsschicht in der Fachsprache auch Low-E-Schicht genannt (Low-Emissivity = niedrige Emissivität = niedrige Wärmeabstrahlung). Als Beschichtungsmaterial hat sich Silber durchgesetzt, da es neben einer äußerst niedrigen Emissivität eine hohe Farbneutralität und Lichttransmission besitzt. Wärmeschutzgläser lassen sich daher mit dem bloßen Auge kaum von unbeschichteten Isoliergläsern unterscheiden. > Abb. 13

■ Tauwasser
Trotz der wesentlich verbesserten Wärmedämmung von Isolierglas kann es heute bei niedrigen Außentemperaturen immer noch zu Tauwasserbildung am Rand der raumseitigen Glasoberfläche kommen. Das Tauwasser kann auf Dauer die Versiegelung bzw. bei Holzfenstern auch die Glashalteleiste beschädigen. Die Ursache für die Tauwasserbildung ist der höhere Wärmedurchgang am Glasrand, da der meist aus Metall gefertigte Abstandshalter eine Wärmebrücke darstellt. Der Einsatz eines

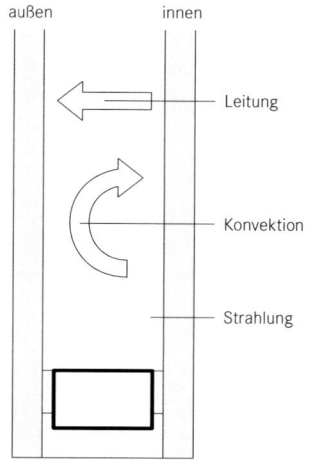

Abb. 12: Wärmedurchgang bei Isolierglas   Abb. 13: Feuerzeugprobe

Abstandhalters aus Edelstahl oder Kunststoff anstelle eines Aluminium-Abstandhalters reduziert den lineraren Wärmedurchgangskoeffizient (φ) am Glasrand, verhindert somit die Tauwasserbildung und verbessert den U_w-Wert eines Fensters je nach Abmessungen um einige Prozent.

Zu den wesentlichen bauphysikalischen Kenngrößen von Isolierglas zählt neben dem U-Wert der g-Wert (Gesamtenergiedurchlassgrad): Der g-Wert (nach EN 410) gibt den gesamten Energiedurchlass der auf das Glas auftreffenden Sonnenstrahlung an. Der g-Wert ist die Summe aus direkter Transmission der Solarstrahlung und Wärmeabgabe der im Glas absorbierten Anteile der Solarstrahlung in den Raum (sekundäre Wärmeabgabe) in Form von Wärmestrahlung und durch Konvektion. Bei

Gesamtenergiedurchlassgrad

■ **Tipp:** Die nachträgliche Ermittlung der Schichtposition eines eingebauten Isolierglases lässt sich mit Hilfe der Feuerzeugprobe durchführen. Die Flamme wird an jeder Scheibe jeweils zweifach gespiegelt. Das Spiegelbild an der beschichteten Oberfläche unterscheidet sich farblich von den drei übrigen (siehe Abb. 13).

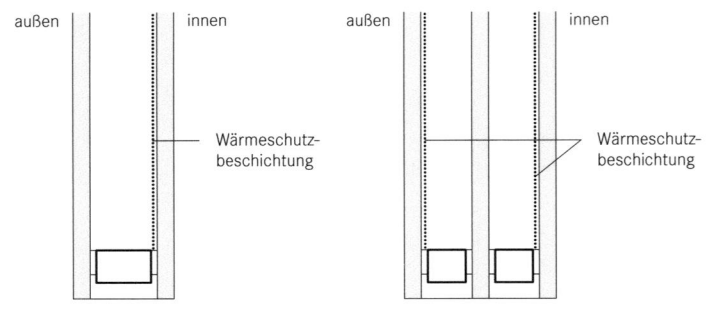

Abb. 14: Zweischeibenisolierglas mit Beschichtung auf Position 3, Dreischeibenisolierglas mit Beschichtung auf Position 2 und 5

Passivhäusern ist oftmals ein hoher g-Wert erwünscht, um den passiven Solarenergiegewinn optimal nutzen zu können. Bei anderen Gebäudearten, z. B. Bürogebäuden mit hohem Verglasungsanteil, besteht bei einem hohen Solarenergieeintrag die Gefahr der Überhitzung des Innenraums. > Kap. Funktionsgläser, Sonnenschutzglas
Der g-Wert von Wärmeschutzgläsern liegt etwa zwischen 0,6 und 0,65. Bei Dreifach-Isolierglas ist der g-Wert etwas niedriger. > Abb. 14

SONNENSCHUTZGLAS

Treibhauseffekt

Glas als transparenter Baustoff ist für kurzwellige Sonnenstrahlung durchlässig (Wellenlängen 300–3000 nm), für langwellige (> 3000 nm) Wärmestrahlung hingegen undurchlässig. Ein großer Teil der Sonnenstrahlung, die in den Raum gelangt, wird von beschienenen Oberflächen absorbiert, in Wärme umgewandelt und als langwellige Wärmestrahlung wieder abgestrahlt. Letztere kann nicht mehr durch die Verglasung nach außen transmittiert werden, weshalb sich der Raum kontinuierlich erwärmt. Dieser Treibhauseffekt bewirkt, dass verglaste Räume selbst bei niedrigeren Außentemperaturen überhitzen können. > Abb. 15

○ **Hinweis:** Durch Veränderung der Schichtposition im Isolierglas verändert sich auch der g-Wert: Bei einem Zweifachisolierglas verringert sich der g-Wert, wenn die Schicht nicht auf Position 3, sondern auf Position 2 gelegt wird. Bei einem Dreifachglas ist der g-Wert höher, wenn die Schichtpositionen 3 und 5 (statt 2 oder 5) gewählt werden. Auf den U-Wert haben diese Maßnahmen jedoch keinen Einfluss.

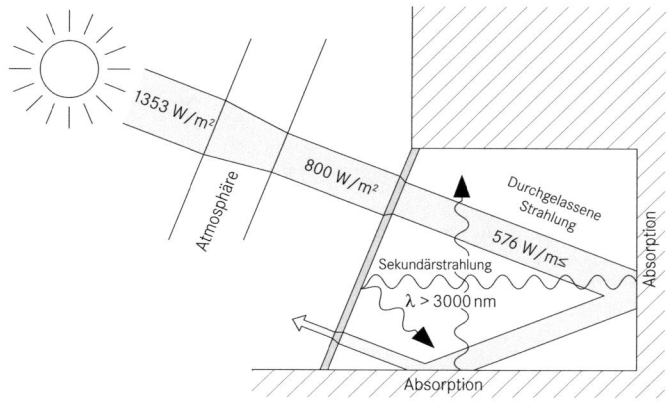

Abb. 15: Schemadarstellung Treibhauseffekt

Sonnenschutzglas verhindert, dass ein großer Teil der auftreffenden Strahlungsenergie in den Raum gelangt. Dies geschieht zum einen durch Absorption und zum anderen durch Reflexion der auftreffenden Strahlung. Früher wurde häufig durchgefärbtes (in der Masse gefärbtes) Sonnenschutzglas eingesetzt, welches einen Teil der Strahlung, darunter bedauerlicherweise auch sichtbares Licht, absorbierte. Die ersten beschichteten Sonnenschutzgläser hatten den Nachteil, dass sie einen großen Teil des sichtbaren Lichtes reflektierten.

Moderne Sonnenschutzgläser verfügen über eine selektive Beschichtung, sie sind also durchlässig für das sichtbare Lichtspektrum, reflektieren bzw. absorbieren hingegen die langwellige Infrarotstrahlung. Sie haben heute einen g-Wert von etwa 20 bis 50 %. Selektivität

Um im Innenraum eine hohe Tageslichtqualität zu erreichen, sollte bei der Wahl des Sonnenschutzglases auch auf eine hohe Selektivitätskennzahl (S) geachtet werden. Die Selektivitätskennzahl gibt das Verhältnis zwischen der Lichttransmission und dem Gesamtenergiedurchlassgrad an. Hat beispielsweise die Verglasung einen g-Wert von 40 % und lässt 76 % des sichtbaren Tageslichtes durch, so ist die Selektivitätskennzahl der Quotient aus 76:40, also 1,9. Die theoretische Grenze liegt bei einem Wert von 2,0.

Für die Tageslichtqualität im Innenraum ist nicht nur die Lichtmenge entscheidend, sondern auch die Farbwiedergabe: Der Farbwiedergabe-Index Ra sollte mindestens 90 % betragen; er ist ein Messwert für die Farbwiedergabe

Tab. 4: Bauphysikalische Kennwerte verschiedener Sonnenschutzgläser

Aufbau (mm)/Fabrikat	U_g-Wert (W/m^2k)	g-Wert (%)	Lt-Wert (%)	R_a
Einfachverglasung 6 mm				
Klar	5,7	56	45	–
Grün	5,7	45	53	–
Zweischeibenisolierglas 8/16/6 Argon Nennwert 68/34	1,1	36	66	–
Zweischeibenisolierglas 6/16/6 Argon Nennwert 40/21	1,1	22	40	88
Zweischeibenisolierglas 6/16/4 Argon Nennwert blau 50/27	1,1	29	50	95

U_g-Wert = Wärmedurchgangskoeffizient
g-Wert = Gesamtenergiedurchlassgrad
L_t-Wert = Lichtdurchlässigkeit
R_a = Farbwiedergabe-Index
Die genannten Kennwerte sind spezifische Angaben verschiedener Hersteller und besitzen daher keine Allgemeingültigkeit.

Abminderungsfaktor F_c

natürliche Farbwiedergabe, gemessen an Oberflächen im Raum, an denen das Tageslicht reflektiert wird. Der Farbwiedergabe-Index Ra kann bei einer Verglasung maximal 99 % erreichen. > Tab. 4

In vielen Fällen wird der Sonnenschutz zusätzlich durch eine innen- oder außenliegende Sonnenschutzvorrichtung (Lamellen, Jalousien, Mar-

■ **Tipp:** Sonnenschutzgläser, auch neutrale Sonnenschutzgläser haben je nach Fabrikat unterschiedliche Reflektionsgrade und Farbnuancen in der Außenansicht (z. B. Blau, Grün, Grau oder Silber). Das Fabrikat sollte daher trotz Kenntnis seiner Kennwerte vor dem Einbau bemustert werden. Dies ist insbesondere dann notwendig, wenn einzelne Scheiben ausgetauscht werden müssen.

Tab. 5: Abminderungsfaktor F_c

Zeile	Sonnenschutzvorrichtung	F_c
1	Ohne Sonnenschutzvorrichtung	1,0
2	Innenliegend oder im Scheibenzwischenraum	
2.1	Weiß oder reflektierende Oberfläche mit geringer Transparenz	0,75
2.2	Helle Farben oder geringe Transparenz	0,8
2.3	Dunkle Farben oder höhere Transparenz	0,9
3	Außenliegend	
3.1	Drehbare Lamellen, hinterlüftet	0,25
3.2	Jalousien und Stoffe mit geringer Transparenz, hinterlüftet	0,25
3.3	Jalousien allgemein	0,4
3.4	Rollläden, Fensterläden	0,3
3.5	Vordächer, Loggien, frei stehende Lamellen	0,5
3.6	Markisen, oben und seitlich ventiliert	0,4
3.7	Markisen, allgemein	0,5

kisen usw.) verbessert. Der Gesamtenergiedurchlassgrad der Verglasung mit Sonnenschutzvorrichtung wird g_{total} genannt. Er bildet das Produkt aus dem g-Wert der Verglasung und einem Abminderungsfaktor: > Tab. 5

$$F_c \; (g_{total} = F_c \times g)$$

Der g-Wert einer Verglasung lässt sich zudem über eine keramische (Teil-)Bedruckung der äußeren Glasscheibe reduzieren. Dabei gilt: Je dichter die Bedruckung bzw. je höher der Bedruckungsgrad, desto niedriger der g-Wert. > Kap. Designgläser, Farbiges Glas

SCHALLSCHUTZGLAS

Bauliche Anlagen haben häufig eine Mindestanforderung an den Schallschutz zu erfüllen. Die Höhe des zu erbringenden Schallschutzes ist abhängig von der Schutzbedürftigkeit der Nutzungsart. Generell unterscheidet man zwischen <u>Luftschall</u> und <u>Trittschall</u>. Bei Trittschall handelt es sich um ein durch Gehen oder Klopfen direkt über Bauteile übertragenes Störgeräusch. (Stör-)Geräusche, die über die Luft übertragen werden, wie z. B. Sprechen oder Verkehrslärm von außen, bezeichnet man allgemein als Luftschall.

Der Schalldruckpegel, gemessen in der Einheit dB (Dezibel), ist die Größe, in der Schall gemessen wird. Die resultierende Schalldämmung (in dB) einer Fassade hängt im Wesentlichen von der schalldämmenden Qualität ihrer Fenster, d. h. von der Konstruktion des Glases und des Rahmenprofils ab. Normales Isolierglas hat im Vergleich zu Einfachglas schon ein wesentlich höheres Schalldämm-Maß. Durch folgende Maßnahmen lässt sich der Schalldämmwert eines Zweifach-Isolierglases weiter erhöhen:

— Erhöhung der Glasmasse und asymmetrischer Aufbau (unterschiedliche Glasdicken)
— Verbreiterung des Scheibenzwischenraums (SZR)
— Einsatz von Verbundsicherheitsglas
— Einsatz von Verbundglas oder Verbundsicherheitsglas mit speziellen Zwischenschichten wie Folien oder Gießharz

○ Schalldämm-Folien erfüllen dieselben Sicherheitsanforderungen (Reißfestigkeit und Splitterbindung) wie herkömmliche PVB-Folien, sodass Schallschutzglas mit Gießharz als Zwischenschicht nur noch selten in Gebäuden eingesetzt wird. Gießharz hat nur eine geringe Reißfestigkeit, und es besteht die Gefahr, dass mit der Zeit Ablösungen, sogenannte Einläufe, am Rand des Verbundglases sichtbar werden. > Abb. 16

BRANDSCHUTZGLAS
Soll eine Wand feuerhemmend oder feuerbeständig ausgeführt werden, wird in Wand- oder Fassadenöffnungen Brandschutzglas eingesetzt. Dabei muss auf die erforderliche Feuerwiderstandsklasse des Brandschutzglases nach der europäischen Norm EN 13501-1 geachtet werden.
> Tab. 6

○ **Hinweis:** Das bewertete Schalldämm-Maß (R_w) ist der Schalldämmwert einer Isolierglaseinheit, der von einer baurechtlich anerkannten Stelle gemessen und durch ein Prüfzeugnis nachgewiesen wird. Er ist ein im Labor ermittelter Messwert und berücksichtigt nicht den Schallübertrag über flankierende Bauteile. Das bewertete Schalldämm-Maß (R'_w) bezieht dagegen auch den Schallübertrag über flankierende Bauteile ein. Dieser Wert ist daher etwas kleiner als der R_w-Wert.

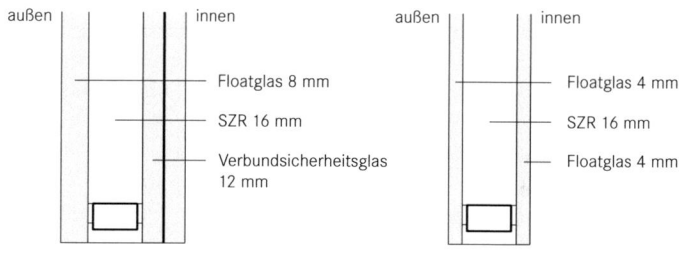

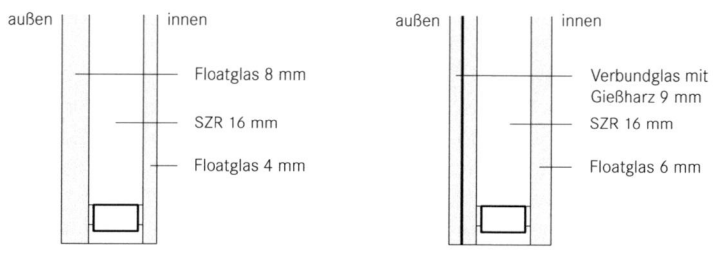

Abb. 16: Verschiedene Aufbauten von Schallschutzglas

Tab. 6: Klassifizierung von Brandschutzglas

Baurechtliche Benennung	Feuerwiderstandsklasse nach EN 13501-1
Feuerhemmend	EI 30 E 30
Feuerbeständig	EI 90 E 90

Die in der Tabelle angegebene Zahl gibt die geprüfte Widerstandsdauer des Brandschutzglases an. Dies ist der Zeitraum, in dem das Glas den Brandgasdurchtritt mindestens verhindert, angegeben in Minuten (30 oder 90 Minuten). Eine E-Verglasung vermeidet lediglich den Durchtritt von Brandgas, während eine EI-Verglasung auch den Durchtritt der vom Brandherd ausgehenden hohen Strahlungswärme unterbindet. Die E-Verglasung kann daher nur dort eingesetzt werden, wo im Brandfall genügend Sicherheitsabstand zu Personen besteht, beispielsweise in Oberlichtern ab einer Höhe von 1,80 m über dem Boden oder in Wänden, die

○ keine Fluchtwege begrenzen. Während die E-Verglasung monolithisch aufgebaut ist, besitzt die EI-Verglasung eine mehrschichtige Struktur, bestehend aus normalen Flachgläsern und speziellen Zwischenschichten, die bei großer Hitze aufschäumen und dadurch den Brand- und Hitzedurchtritt über den erforderlichen Zeitraum verhindern.

SICHERHEITSSONDERVERGLASUNG

Die Bandbreite an Anforderungen, die heute an Gläser gestellt werden, beinhaltet auch den Schutz vor Vandalismus, Diebstahl und Gewaltverbrechen. Die europäischen Normen unterscheiden Sicherheitssonderverglasungen nach der Art und Schwere der Gewalteinwirkung, vor denen sie schützen können.

Durchwurf-hemmung
Durchwurfhemmende Verglasung bietet Schutz vor geworfenen Steinen oder kleineren Gegenständen. Die Prüfung einer solchen Verglasung erfolgt im Kugelfallversuch. Dabei wird eine ca. 4 kg schwere Stahlkugel aus einer definierten Höhe dreimal hintereinander auf das Glas fallen gelassen, das dabei nicht durchschlagen werden darf.

Durchbruch-hemmung
Durchbruchhemmende Verglasung verhindert, dass mit einer Axt in kurzer Zeit eine Öffnung von 40 × 40 cm geschlagen werden kann. Die Prüfung erfolgt mit Hilfe einer langstieligen Axt, die an einer Schlagmaschine befestigt ist.

Durchschuss-hemmung
Durchschusshemmende Verglasung, in der Umgangssprache auch Panzerglas genannt, wird für den Schutz vor verschiedenen Schusswaffen hergestellt, angefangen von der Schrotflinte bis hin zum Gewehr. Diese Verglasung wird durch Beschuss mit handelsüblichen Waffen im Labor-Schießstand geprüft.

Sprengwirkung-hemmung
Sprengwirkungshemmende Verglasung schützt vor dem Angriff von außen mit einer Sprengladung. Geprüft wird mit Hilfe einer künstlich erzeugten Druckwelle, die senkrecht auf das Glas wirkt.

Alle Sicherheitssonderverglasungen sind mehrschichtig aufgebaut, angefangen von herkömmlichem Verbundsicherheitsglas (VSG) bis hin zu mehrschichtigen Aufbauten, die aus Glas, vorgespanntem Glas, Folien oder auch Kunststoffschichten bestehen. Im Vordergrund steht jeweils der Schutz der hinter der Glasscheibe befindlichen Personen oder

○ **Hinweis:** Um die Feuersicherheit zu gewährleisten, müssen bei allen Brandschutzgläsern zusätzlich die entsprechenden Rahmenkonstruktionen in Verbindung mit geprüften Verbindungs- und Abdichtungsmaterialien verwendet werden.

Gegenstände. Das Glas selbst wird bei grober Gewalteinwirkung meist beschädigt und muss später ausgetauscht werden. Sicherheitsglas kann zusätzlich mit einer an einen Stromkreis angeschlossenen Leiterschleife versehen werden, die bei Zerstörung den Stromfluss unterbricht und somit einen Alarm auslöst. Die Leiterschleifen bestehen entweder aus dünnen, in das VSG eingelegten Silberdrähten oder aus leitfähigem Emaildruck, der auf eine Ecke einer ESG-Schiebe aufgedruckt wird. Da ESG im Bruchfall immer in kleine Stücke zerfällt, wird die Leiterschleife mit Sicherheit ebenfalls zerstört.

ISOLIERGLAS MIT INTEGRIERTEN ELEMENTEN

Ein Trend geht gegenwärtig dahin, Funktionselemente in den Scheibenzwischenraum (SZR) von Isolierglas zu integrieren. Dies können z. B. Sonnenschutzlamellen oder auch Metallgewebe sein. Auf diese Weise sind die nachfolgend beschriebenen empfindlichen Elemente vor Beschädigung durch Wind und Wetter sowie vor Verschmutzung dauerhaft geschützt.

Bewegliche Sonnenschutzlamellen sind integrierte Jalousien, die aus konkaven oder konvexen Lamellen mit matter, reflektierender bzw. perforierter Oberfläche bestehen. Mit ihrer Hilfe kann der Sonnen- und Blendschutz an Bildschirmarbeitsplätzen reguliert werden. *Bewegliche Systeme*

Bewegliche Sonnenschutzscreens sind ebenfalls im SZR integrierbar. Diese Jalousien bestehen aus Textilien oder perforierten Kunststoff-Folien.

Starre Sonnenschutzlamellen sind hochreflektierende, horizontal angeordnete Lamellen mit speziellem Profilquerschnitt, die im SZR bereits so angeordnet werden, dass sie direktes Sonnenlicht weitgehend reflektieren, während diffuses Tageslicht in den Raum umgelenkt wird. > Abb. 17 *Starre Systeme*

Abb. 17: Starre Sonnenschutzlamellen

Abb. 18: Sonnenschutzraster

Abb. 19: Metallgewebe-Einlage

Die Funktion von Sonnenschutzrastern ähnelt den genannten starren Sonnenschutzlamellen – mit dem Unterschied, dass die Lamellen in Quer- und Längsrichtung angeordnet sind. Diese komplexen, mit Reinst-Aluminium verspiegelten Kunststoffraster sind speziell für den Einsatz in flach geneigten Glasdächern oder Lichtkuppeln entwickelt worden. > Abb. 18

Mit Hilfe von integrierten Prismenplatten oder Profilen aus Acrylglas wird ebenfalls das direkte Tageslicht nach außen reflektiert, während diffuses Tageslicht in den Raum umgelenkt wird.

Des Weiteren sind Metallgewebe-Einlagen zu nennen, die in einer großen Vielfalt hergestellt werden. Hier steht neben der Funktionalität (Sonnenschutz) auch der gestalterische Aspekt im Vordergrund. > Abb. 19

Anstelle von Metallgeweben können auch filigrane Holzeinlagen aus Holzstäben mit Rechteckquerschnitt in das Isolierglas eingesetzt werden. > Abb. 20

Abb. 20: Holzeinlage

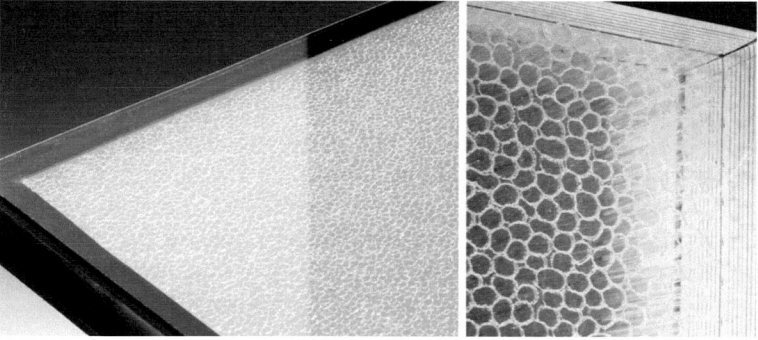

Abb. 21: Kapillarplatte

Schließlich sind noch integrierte Elemente zu erwähnen, die ausschließlich das Licht streuen und bei entsprechender Dicke auch als Wärmedämmung geeignet sind. Im Isolierglas eingelegte Licht streuende Kapillarplatten bestehen aus UV-stabilen transparenten Polycarbonatröhrchen, die das Tageslicht gleichmäßig streuen. Sie werden mitunter zur natürlichen Belichtung von Gebäuden eingesetzt, wenn ein direkter Lichteinfall nicht erwünscht ist, z. B. in Museen, Ateliergebäuden, Sporthallen usw. > Abb. 21

Die Bezeichnung Transparente Wärmedämmung (TWD) ist etwas irreführend, da diese Art der Wärmedämmung meist nicht transparent, sondern diffus lichtdurchlässig ist. TWD wird häufig direkt vor eine massive Außenwand eingebaut, sodass diese im Winter zusätzlich durch die Sonneneinstrahlung aufgeheizt werden kann und die Energie zeitverzögert in den Innenraum abgibt. Man kann TWD auch direkt als

Transparente Wärmedämmung

Abb. 22: Fotovoltaikelement

Fassadenausfachung einsetzen, um von der zusätzlichen Tageslichtnutzung zu profitieren. Als Materialien werden Kunststoff-Kapillarplatten, dünnwandige Glasröhrchen oder auch Aerogele (geschäumtes Granulat) benutzt, die zwischen zwei Glasscheiben eingelegt werden. Allerdings sollte eine Verschattungsmöglichkeit der TWD-Elemente bestehen, um
o an wärmeren Tagen eine Überhitzung des Innenraums zu vermeiden.

○ **Hinweis:** Ein Nachteil integrierter Elemente ist die höhere Wärmeabsorption im SZR, die zu einer vorzeitigen Schädigung des Isolierglaselementes führen kann. Ein Austausch nach schon wenigen Jahren kann teuer werden. Zudem muss gewährleistet sein, dass die Ersatzscheiben exakt gleich aussehen. Bei integrierten Jalousien besteht außerdem die Gefahr, dass durch das Einbauchen (Doppelscheibeneffekt) der Isolierglasscheiben die Lamellen eingeklemmt werden und nicht mehr betätigt werden können. Die Durchbiegung der Einzelscheiben kann durch Erhöhung der Glasdicken verringert werden.

Abb. 23: Elektrooptische Funktionsschicht

BESONDERE FUNKTIONSSCHICHTEN

Seine Transparenz, Festigkeit und Witterungsbeständigkeit macht Glas zum idealen Träger verschiedenster Arten von Funktionsschichten.

Ein typisches Beispiel für besondere Funktionsschichten sind <u>fotovoltaische Elemente,</u> die als Fassaden- oder Dachelemente verwendet werden und Sonnenlicht in elektrische Energie umwandeln. Die Elemente bestehen aus Siliziumzellen, die geschützt zwischen zwei Glasscheiben eingebettet werden, oder aus sogenannten Dünnschichtzellen, die durch direkte Beschichtung von Glas hergestellt werden. > Abb. 22 Fotovoltaik

Darüber hinaus sind Funktionsschichten zu nennen, mit deren Hilfe der Licht- und Strahlungsdurchgang von Gläsern an die tatsächlichen Tageslicht- und Klimaverhältnisse angepasst werden kann. Schaltbare Schichten

<u>Thermotrope Funktionsschichten</u> verändern die Lichtdurchlässigkeit einer Verglasung in Abhängigkeit von der Temperatur. Sie können z. B. so eingestellt werden, dass eine Scheibe, die bei Raumtemperatur transparent wirkt, bei höheren Temperaturen weiß erscheint und somit einen großen Teil der Lichtstrahlen diffus reflektiert.

<u>Elektrooptische Funktionsschichten</u> können durch das Anlegen einer elektrischen Spannung per Knopfdruck zwischen diffus lichtdurchlässig und transparent geschaltet werden. > Abb. 23

<u>Elektrochrome Funktionsschichten</u> sind ebenfalls schaltbare Schichten, mit deren Hilfe der Licht- und Energieeintrag von Isoliergläsern stufenlos regulierbar ist. Die Scheibe färbt sich bei Anlegen einer elektrischen Spannung z. B. dunkelblau und reduziert somit die Transmission von Tageslicht und solarer Wärmestrahlung.

Designgläser

ORNAMENTGLAS

Ornamentglas nennt man ein im Walzverfahren hergestelltes Guss- oder Walzglas, welches aus funktionalen oder gestalterischen Gründen eine Strukturoberfläche erhält. Die Vielfalt an möglichen Oberflächen reicht von geometrischen Mustern (Quadrate, Rechtecke, Linien, Punkte) bis hin zu amorphen Mustern und Sonderornamenten. Letztere können auf Anfrage bei entsprechender Stückzahl hergestellt werden. > Abb. 24 und 25

Ornamentgläser sind schwach bis stark diffus lichtdurchlässig und werden gerne dort eingesetzt, wo aus gestalterischen oder funktionalen Gründen die Lichtstreuung erwünscht bzw. die klare Durchsicht nicht erwünscht ist. Ornamentglas kann mit einer oder mit zwei strukturierten Oberflächen ausgeführt werden. Einen Sonderfall stellen Gläser mit einem speziellen Oberflächenprofil (z. B. Prismenglas) dar, welches das Tageslicht nicht diffus streut, sondern je nach Einfallswinkel in eine bestimmte Richtung umlenkt oder reflektiert. > Abb. 26 und 27

GLAS MIT MATTIERTER OBERFLÄCHE

Mattiertes Glas ist nicht umsonst ein beliebtes Gestaltungselement in der Architektur. Die Mattierung sorgt für interessante Lichtspiele und verleiht dem Glas mehr Materialität.

Ätzen   Sogenannte <u>geätzte Gläser</u> werden mit Hilfe von Flusssäure mattiert. Die Oberfläche des Glases wird bei diesem Vorgang nur gering beschädigt, und folglich bleibt die Festigkeit der Scheibe weitgehend erhalten. Die Säurekonzentrationen sind heutzutage sehr gering, was man durch eine lange Wirkzeit auf die Glasoberfläche ausgleicht. Die Einwirkungsdauer bestimmt den Mattierungsgrad. Mit zunehmendem Rauigkeitsgrad nimmt auch die Transparenz des Glases ab, da die raue Oberfläche das einfallende Licht stärker streut. Über entsprechende Schablonen lassen sich individuelle Designs, Logos oder Muster einätzen. Geätzte Gläser können in Absprache mit dem Hersteller thermisch vorgespannt oder auch gebogen werden.

> ○ **Hinweis:** Die meisten Ornamentgläser können thermisch vorgespannt und viele auch zu VSG bzw. Isolierglas weiterverarbeitet werden. Gerade für den Einsatz in Fassaden sollte dies dennoch vom Hersteller bestätigt werden.

Abb. 24: Sonderornamentglas

Abb. 25: Lichtstreuungglas

Abb. 26: Prismenglas

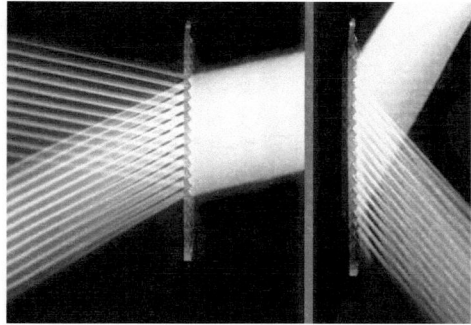
Abb. 27: Lichtlenkung durch Prismenglas

Bei <u>sandgestrahlten Gläsern</u> erfolgt die Aufrauung der Oberfläche mit Hilfe eines Sandstrahls. Da die Oberfläche durch die Aufrauung beschädigt wird, verringert sich auch die Festigkeit der Glasscheiben. Im Laufe der Zeit sind aufgrund der Rauigkeit der Oberfläche farbliche Veränderungen möglich, verursacht u. a. durch Fettrückstände beim Reinigen. Die visuelle Wirkung ähnelt der von geätzten Scheiben. Auch Bilder oder Muster können aufgebracht werden.

Sandstrahlen

Eine Mattierung im <u>Siebdruckverfahren</u> ermöglicht eine Behandlung der Oberfläche, ohne diese aufzurauen. Dabei wird eine transluzente Emailfarbe aufgedruckt und dauerhaft eingebrannt.

FARBIGES GLAS

Farbiges Glas erlebt seit einigen Jahren eine Renaissance in der Architektur. Bereits im Mittelalter wurde das Licht im Innenraum gotischer Kathedralen durch farbig gegliederte Maßwerkfenster kunstvoll inszeniert. Heute gibt es farbiges Glas mit verschiedenen technischen und visuellen Eigenschaften in vielen Ausführungen. Der „Färbeprozess" findet dabei je nach Produkt bei der Glasherstellung oder bei der Weiterverarbeitung statt.

Durchgefärbtes Glas

Durchgefärbtes oder in der Masse gefärbtes Glas wird hergestellt, indem dem Glasgemenge Zuschlagstoffe (Metalloxide) beigefügt werden. Es besteht die Möglichkeit, sowohl Floatglas, Fensterglas und Gussglas als auch Glasbausteine zu färben. Die Farbpalette von farbigem Floatglas umfasst allerdings nur die Farbtöne Blau, Grün, Bronze und Grau, während die anderen oben genannten Glasarten eine größere Vielfalt aufweisen. Bedingt durch den natürlichen Eisenoxidgehalt im Glasgemenge, ist neutrales Floatglas schon etwas grünstichig – ein Effekt, der bei dickeren Glasstärken oder mattierten Gläsern noch stärker in Erscheinung tritt. Als Weißglas bezeichnet man ein eisenoxidarmes Floatglas, welches keinen Grünstich aufweist. Wegen seiner hohen Lichtdurchlässigkeit wird es auch für die Herstellung von Sonnenkollektoren und Fotovoltaik-Elementen verwendet.

Fusing

Durch Fusing (to fuse = „verschmelzen") lassen sich unterschiedlich durchgefärbte Basisgläser zu einer Glasscheibe verbinden. > Abb. 28 Bei diesem Verfahren werden Gläser in verschiedenen Farben und Formzuschnitten auf eine größere Grundscheibe gelegt und im Ofen bei bis zu 1500 °C verschmolzen. Diese Technik lässt sich auf Fensterglas anwenden, nicht aber auf Floatglas.

Dichroitisches Glas

Sogenannte optische Effektfilter oder dichroitische Filter sind dünne Schichten aus verschiedenen Metalloxiden in unterschiedlicher Dicke, die im Sol-Gel-Verfahren (Tauchverfahren im Solebad) auf das Glas aufgebracht werden. Der Farbeffekt entsteht durch Interferenzwirkung der einzelnen dünnen Schichten und ist abhängig vom Einfallswinkel des Lichtes. Eine Glasfassade aus dichroitischen Gläsern könnte zum Beispiel das Sonnenlicht in Abhängigkeit vom Einstrahlwinkel kobaltblau oder goldgelb reflektieren. Farbeffektfilter sind absorptionsarm, d. h., sie erwärmen sich bei Sonneneinstrahlung nicht so sehr wie etwa durchgefärbte Gläser.

○ **Hinweis:** In der Masse gefärbte Gläser erwärmen sich stärker unter Sonneneinstrahlung und werden daher für die Verwendung in Fassaden häufig vorgespannt. Im Gegensatz dazu können durch Fusing zusammengeschmolzene Flachgläser aufgrund ihrer unebenen Nahtstellen nicht thermisch vorgespannt werden.

○ **Hinweis:** Dichroitisch beschichtete Gläser gibt es in Größen bis ca. 1,70 × 3,80 m. Thermisches Vorspannen ist nur sehr eingeschränkt möglich. Die Schicht ist beständig und kratzfest, sollte aber dennoch nicht der Witterung ausgesetzt werden.

Abb. 28: Farbiges Glasfenster mit Fusing-Glas

Emailliertes und siebbedrucktes Glas ist ein farbbeschichtetes Glas, bei dem eine aufgebrachte farbige Emailleschicht während des Herstellungsprozesses von ESG oder TVG (bei einer Temperatur von über 600 °C) in die Glasoberfläche eingebrannt wird. Emaillierte und siebbedruckte Gläser sind aus diesem Grund immer vorgespannt, eine Bedruckung ohne thermische Behandlung ist nur mit organischer Zweikomponentenfarbe möglich, die aber nicht kratzfest ist. Die beste Farbqualität erhält man bei der Verwendung von eisenoxidarmem Weißglas. Es sind drei verschiedene Auftragsarten für vollflächig emaillierte Gläser zu unterscheiden: Emailliertes Glas

Im Walzverfahren wird die plane Glasscheibe unter einer gerillten Gummiwalze hindurchgefahren, die die Emailfarbe auf die Glasoberfläche überträgt.

Beim Gießverfahren läuft die Glastafel horizontal durch einen „Gießschleier", der die Oberfläche mit Farbe bedeckt. Dieses Verfahren ist veraltet und nicht umweltfreundlich, da es im Gegensatz zu den anderen Verfahren nicht ohne die Zugabe von Lösungsmitteln auskommt.

Die gleichmäßigste Farbverteilung erhält man im Siebdruckverfahren: Auf einem Siebdrucktisch wird die Farbe durch ein engmaschiges Sieb auf die Glasoberfläche aufgedruckt. Eine Vielfalt an Farbtönen steht standardmäßig zur Verfügung. Die Farbtöne umfassen sowohl deckende, transparente und transluzente Töne als auch Sonderfarben, die vollflächig sowie teilflächig aufgetragen werden können. Auf der Grundlage Siebdruck

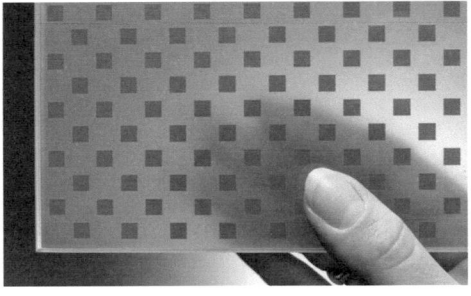 

Abb. 29: Siebbedrucktes Glas   Abb. 30: Fassade mit Siebdruck

spezifischer Dekorvorlagen und Siebdruckschablonen ist es möglich, Glastafeln individuell zu gestalten. Im CTS-Verfahren (Computer-to-Screen-Verfahren) werden Siebe auf der Grundlage digitaler Designs oder Fotos erstellt. Mehrfarbige Druckmotive erfordern eine entsprechende Anzahl an Sieben und Druckvorgängen. Das bedeutet, dass bei einem vierfarbigen Rastersiebdruck, mit dem beispielsweise fotografische Motive auf Glas abgebildet werden sollen, vier verschiedene Siebe und Druckvorgänge erforderlich sind. > Abb. 29 und 30

○ Digitaldruck

Seit Neuem ist es möglich, Glas auch im Digitaldruckverfahren keramisch zu bedrucken. Dabei ist von Vorteil, dass die Bilddaten direkt an einen speziellen Drucker gesendet werden und keine teuren Siebe erstellt werden müssen. Hinzu kommt, dass mehrere Farben gleichzeitig aufgetragen werden können. Dieses Verfahren ist besonders geeignet bei aufwendigen Sondermotiven.

VSG mit Farbfolie

VSG mit zwischenliegender Farbfolie wird heute häufig anstelle von in der Masse gefärbter Gläser eingesetzt. Statt einer Behandlung des Glases erfolgt die Färbung mit Hilfe der farbigen Folien, die zwischen zwei Glastafeln geklebt werden.

Der Verbund aus Glas, Folie und Glas verhält sich wie herkömmliches Verbundsicherheitsglas, da PVB als Ausgangsmaterial für die extrudierten farbigen Folien verwendet wird. Zwischen zwei Glastafeln können bis zu vier Folien kombiniert werden. Somit besteht die Möglichkeit, aus insgesamt elf Grundfarben über 1000 transparente, transluzente oder opake Farbtöne zu generieren. Neben durchgefärbten oder gemusterten Folien werden auch Folien mit hochauflösendem Digitaldruck in VSG einlaminiert. Die Deckkraft der Farbe ist jedoch in jedem Fall geringer als beim

○ Siebdruckverfahren auf Glas. > Abb. 31

Holografische Folien

Als holografisch-optische Elemente (HOE) werden Verbundgläser bezeichnet, in die Folien mit holografischen Gittern eingebettet sind. HOE weisen einen ähnlichen Effekt wie Prismen auf, da sie weißes Licht in

Abb. 31: VSG mit gemusterter Folie

seine Spektralfarben zerlegen. Die Farbwirkung ist abhängig vom Lichteinfallswinkel und dem Betrachtungswinkel. Es können somit dynamische Farbeffekte erzielt werden, ähnlich wie bei den schon erwähnten dichroitischen Filtern. Holografisch-optische Folien werden im Außenbereich nur geschützt in Verbundglas eingesetzt. Sie werden nicht nur für Farbeffekte, sondern auch zur Tageslichtlenkung und als Sonnenschutz verwendet. Darüber hinaus eignen sie sich zur Unterstützung fotovoltaischer Stromerzeugung, indem sie das Sonnenlicht auf Solarzellen fokussieren.

○ **Hinweis:** Durch die Emaillierung erfolgt eine Minderung der Biegezugfestigkeit von ESG um etwa 40 %. Es können bis zu vier Drucklagen in verschiedenen Farben auf eine Oberfläche aufgebracht werden. Dabei sind Druckformate bis zu einer Größe von etwa 3,00 × 6,00 m möglich. Bei Sondermotiven erhöht sich der Aufwand um die dafür speziell anzufertigenden Siebe. Die bedruckte Seite der Scheibe ist zwar kratz- und witterungsfest, der Farbton kann sich aber infolge UV-Einstrahlung mit der Zeit verändern. Im Isolierglas befindet sich die bedruckte Seite daher meist auf Position 2. In Abhängigkeit von Farbton und Bedruckungsgrad ändert sich der g-Wert einer Verglasung, weshalb siebbedrucktes Glas auch als Sonnenschutz eingesetzt wird.

○ **Hinweis:** VSG mit Farbfolien absorbiert meist weniger Wärme als durchgefärbtes Glas, dennoch ist bei einigen dunkleren Farbtönen das Vorspannen der Einzelgläser zu empfehlen. Geschützt im Glasverbund, bleiben die Farbtöne unter UV-Strahlung in der Regel stabil.

Konstruktion und Fügung

ALLGEMEINES

Bei der Planung von Glaskonstruktionen und deren Umsetzung sind aufgrund der Sprödigkeit des Materials größte Sorgfalt und Materialkenntnis erforderlich. Im Gegensatz zu vielen anderen <u>zähen</u> Baustoffen, wie z. B. Holz oder Stahl, kann schlagartiges Materialversagen von Glas schon durch einen Stoß mit einem harten Gegenstand ausgelöst werden. Glasbauteile und Glaskonstruktionen werden daher häufig durch aufwendige Belastungsversuche im Labor geprüft. Dabei wird nicht nur das Tragverhalten als solches, sondern auch die <u>Resttragfähigkeit</u>, d. h. die restliche Standsicherheit und Belastbarkeit <u>nach</u> erfolgtem Glasbruch, nachgewiesen. Zum Baustoff Glas sowie zu Glaskonstruktionen gibt es eine ganze Fülle an Normen, technischen Richtlinien und Verordnungen. Die Ausführung <u>nicht geregelter</u> Konstruktionen oder Bauteile ist in manchen Ländern, wie z. B. in Deutschland, oftmals nur mit einer behördlichen <u>Zustimmung im Einzelfall</u> möglich.

LINIENFÖRMIG GELAGERTE VERGLASUNGEN

Glasscheiben, die an ihrem Rand durchgehend gehalten werden, sind <u>linienförmig gelagert</u>. In den meisten Fällen, wie z. B. bei Fenstern, Fassaden und Glasdächern, werden die Glasscheiben <u>allseitig</u>, d. h. an allen Kanten linienförmig gelagert. Darüber hinaus können auch <u>dreiseitig</u>, <u>zweiseitig</u> und sogar <u>einseitig</u> linienförmig gelagerte Scheiben ausgeführt werden. > Abb. 32 Ganzglas-Geländer, deren untere Glaskanten am Deckenrand eingespannt werden, sind ein Beispiel für eine einseitige Lagerung.
> Kap. Anwendungen, Absturzsichernde Verglasung

<small>Vertikal- und Überkopfverglasung</small>

Grundsätzlich wird zwischen <u>Vertikalverglasung</u> (Neigungswinkel < 10° zur Senkrechten) und <u>Überkopfverglasung</u> (Neigungswinkel > 10° zur Senkrechten) unterschieden. Als Überkopfverglasung wird in der Regel Verbundsicherheitsglas (VSG) eingesetzt. Zum einen verhindert die PVB-Folie, dass bei Glasbruch Glasscherben auf Personen herabfallen können, zum anderen hat VSG aus Float oder TVG eine wesentlich höhere Resttragfähigkeit im Vergleich zu monolithischem Glas. Monolithische Gläser (z. B. Floatglas, ESG, Gussglas) können dann eingesetzt werden, wenn durch geeignete Maßnahmen das Herabfallen größerer Glasteile auf Verkehrsflächen zu verhindern ist. Dies kann z. B. durch geeignete Netze mit einer Maschenweite ≤ 40 mm erreicht werden.

GLAS UND RAHMEN

<small>Glasfalz</small>

Zur gleichmäßigen Lastabtragung der Glasscheiben sowie zum Ausgleich von Unebenheiten erfolgt die Auflagerung grundsätzlich über elastische Zwischenschichten. Der direkte Kontakt mit harten Materialien

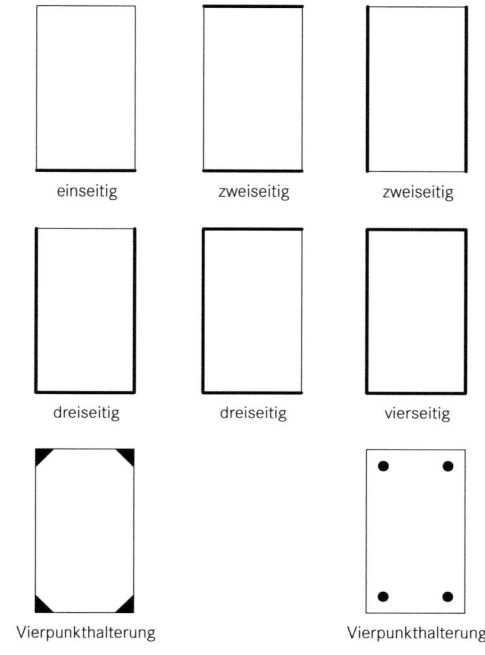

Abb. 32: Linienförmige Lagerung und Vierpunkthalterung

wie Stahl oder Beton ist unbedingt zu vermeiden. Mit dem Glaseinstand wird angegeben, wie tief sich das Glas im Glasfalz befindet. Der Glaseinstand ist von der Glasgröße, den Bautoleranzen und der zu erwartenden Verformung der Konstruktion abhängig. > Abb. 33

○ **Hinweis:** VSG aus ESG besitzt zwar eine hohe Biegefestigkeit, darf aber in einigen Ländern aufgrund seines sehr schlechten Resttragverhaltens im Überkopfbereich nicht eingesetzt werden. Bei Isolierglas im Überkopfbereich wird die untere Glasscheibe in VSG ausgeführt. Drahtglas ist im Überkopfbereich nur bei einer Stützweite in Haupttragrichtung bis zu 0,7 m zulässig.

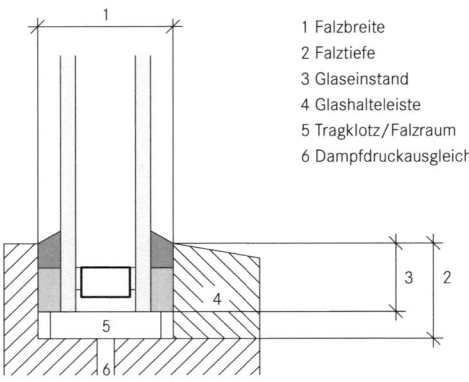

Abb. 33: Glasfalz

Klotzung
Die vertikale Lastabtragung des Glasgewichtes auf den Rahmen erfolgt über <u>Tragklötze</u>, die in den Glasfalz eingelegt werden. Zusätzlich werden die Scheiben seitlich über <u>Distanzklötze</u> im Rahmen gegen Verschieben gesichert. > Abb. 34

Dichtung
Der Falzgrund wird heute in den allermeisten Fällen dichtstofffrei hergestellt, um einen ungehinderten <u>Dampfdruckausgleich</u> (Entspannung) im Falzraum zu gewährleisten. Die Fugendichtungen zwischen Rahmen und Verglasungseinheit werden beidseitig linear umlaufend ausgeführt. Die Fugendichtung wird entweder als <u>Nassversiegelung</u> auf ein Vorlegeband (z. B. Silikon, Acrylat, Polysulfid oder Polyurethan) oder als <u>Trockenversiegelung</u> mit vorgefertigten Dichtprofilen (z. B. Synthesekautschuk) umgesetzt. Tauwasser, welches sich im Falzgrund sammelt, muss über Dampfdruck-Ausgleichsöffnungen nach außen geführt werden können. > Abb. 35

Bei der Planung von Fenstern und Glasfassaden ist auf die chemische Verträglichkeit der verschiedenen Dichtstoffe untereinander zu achten. Man unterscheidet im Wesentlichen fünf Dichtstoffklassen: Butyle, Acrylate, Polysulfide, Polyurethane und Silikone. Dichtstoffe unterscheiden sich in ihrer chemischen Zusammensetzung, etwa in ihrem Gehalt an Weichmachern, Lösungsmitteln, Vernetzungsmitteln und Füllstoffen.

○ **Hinweis:** Bei falscher Auswahl der Dichtstoffe kann es insbesondere zu Schäden am Klotzungsmaterial, Randverbund oder Versiegelungsmaterial kommen. Im Hinblick auf die Langzeitbeständigkeit von Verglasungen ist die Dichtstoffverträglichkeit durch die ausführende Firma zu prüfen.

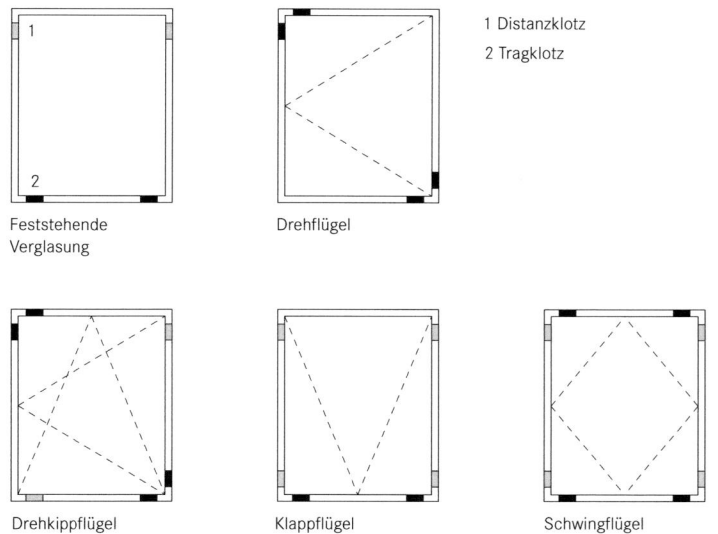

Abb. 34: Klotzung

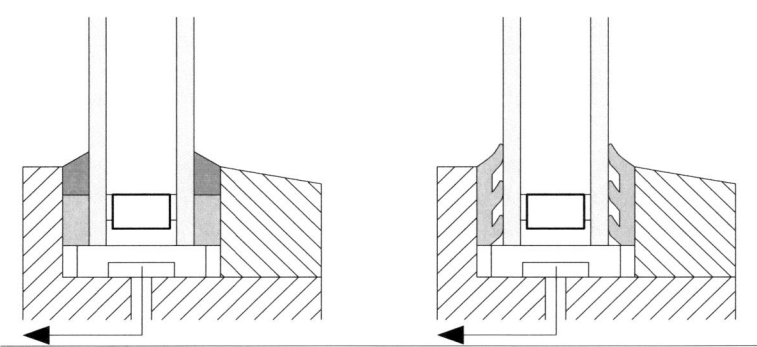

Abb. 35: Nass- und Trockenversiegelung

Linear gelagerte Verglasungen können auf zwei grundsätzlich verschiedene Arten befestigt werden. Die gebräuchlichste Lösung im Fensterbau und im Bau von Elementfassaden ist die Glasbefestigung mittels <u>Glashalteleiste</u>. Die Glashalteleiste befindet sich auf der Innenseite des Rahmens. Sie wird entweder mit Nägeln an den Rahmen befestigt (z. B.

Glashalteleiste

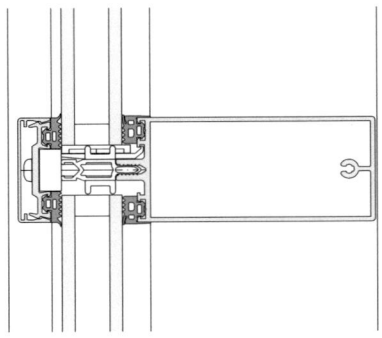

Abb. 36: Pressleistenverglasung mit Alu-Deckleiste

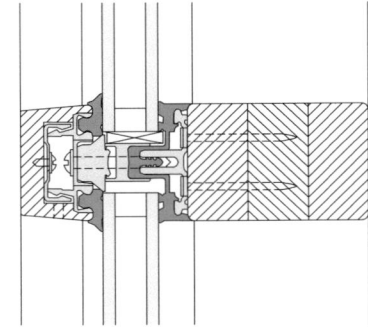

Abb. 37: Pressleistenverglasung mit Holz-Deckleiste

bei Holzrahmen) oder geklemmt (z. B. bei Metall- oder Kunststoff-Rahmen). Der Anpressdruck der Glashalteleiste gewährleistet die Halterung der Glasscheibe und sorgt für die Dichtigkeit der Versiegelung.

Pressleiste

Bei der Pressleistenverglasung werden Profile aus Aluminium, Stahl, Holz oder Kunststoff von außen montiert und pressen somit das Glas gegen die Unterkonstruktion. Die Pressleisten werden mit Schrauben befestigt, die ein genaues Einstellen des Anpressdruckes möglich machen. Bei den meisten Systemen wird die Verschraubung durch aufsteckbare Deckleisten abgedeckt. Die Dichtigkeit wird durch zwischengelegte dauerelastische Dichtprofile aus Silikon oder EPDM/APTK hergestellt. Bei Isolierverglasungen ist ebenso wie bei Fenstern eine thermische Trennung der Pressleiste vom Tragprofil erforderlich, z. B. durch ein Dämmprofil aus Kunststoff. Im Hohlraum zwischen den Glasstößen kann sich wie auch im Glasfalz eines Fensterrahmens Kondenswasser bzw. von außen eingedrungenes Regenwasser sammeln. Daher sind wie auch beim Fensterrahmen Dampfdruckausgleichsöffnungen erforderlich. Bei größeren Fassadenflächen werden horizontale und vertikale Fugen zu einem kommunizierenden Drainagesystem verbunden.

Das Material der Pressleisten kann unabhängig vom Material des Tragprofils gewählt werden, wobei die Vor- und Nachteile der einzelnen Materialien gegeneinander abzuwägen sind: Aluminium hat gegenüber Stahl eine höhere Korrosionsbeständigkeit und ist aufgrund seiner Produktion im Strangpressverfahren leichter herstellbar. Nachteilig ist hingegen die wesentlich größere Wärmeausdehnung. Pressleisten aus

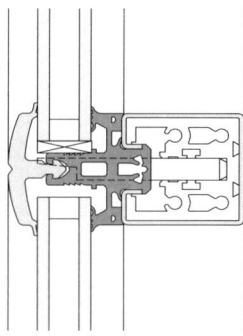 

Abb. 38: Pressleistenverglasung mit Integralprofil   Abb. 39: Fassade mit Pressleistenverglasung

Holz sind zwar einfach herzustellen, sollten aber zum Schutz vor der Witterung mit einer Aluminium-Überdeckung kombiniert werden.

Eine Sonderform der Pressleiste ist das sogenannte Integralprofil. Es handelt sich hierbei um ein dauerelastisches Kunststoffprofil, welches sowohl die Funktion eines Pressprofils als auch die eines Dichtprofils übernimmt. > Abb. 36–39

PUNKTFÖRMIG GELAGERTE VERGLASUNGEN

Diese Art der Fügung ermöglicht u. a. die Realisierung sehr filigraner und transparenter Glasflächen. Bei einer punktförmigen Lagerung bzw. Befestigung wird die Glasscheibe nicht mehr entlang der gesamten Glaskante, sondern nur noch an einzelnen Punkten gehalten. Rechteckige Glasscheiben werden mindestens an allen vier Ecken, größere Formate auch zusätzlich im Bereich der Kanten durch Punkthalter an eine Unterkonstruktion befestigt. Die lokalen Spannungen im Glas können im Bereich der Punkthalter sehr groß werden, weshalb grundsätzlich die Verwendung von vorgespanntem Glas (ESG oder TVG) zu empfehlen, in den meisten Fällen sogar erforderlich ist. Man unterscheidet Punkthalter, die das Glas nicht durchdringen, sogenannte Klemmhalter, und solche, die ein Bohrloch im Glas erforderlich machen.

Klemmhalter befestigen die Glasscheibe durch Klemmen im Bereich der Glasecken und/oder Glasränder. Sie bestehen z. B. aus Aluminium oder Edelstahl und sind in einer Vielzahl an eckigen sowie runden Ausführungen erhältlich. > Abb. 40–44

Klemmhalter

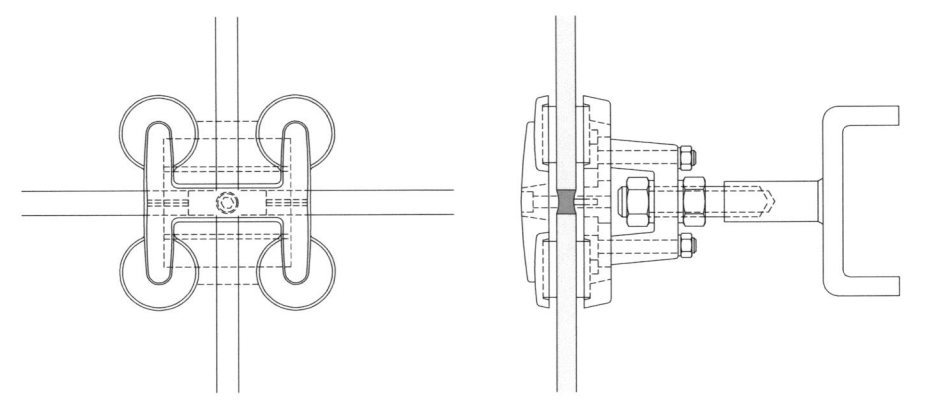

Abb. 40: Runder Klemmhalter für Einfachverglasung

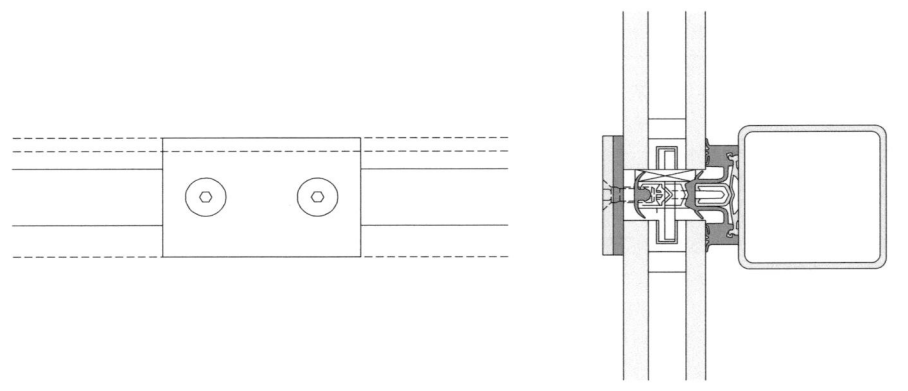

Abb. 41: Rechteckiger Klemmhalter für Isolierverglasung

Bei der Planung und Ausführung ist darauf zu achten, dass der direkte Kontakt zwischen Metall und Glas mit Hilfe elastischer Zwischenschichten vermieden wird. Zwängungen infolge Verkantung oder zu hohem Anpressdruck der Beschläge können zum Glasbruch führen und sind unbedingt zu verhindern. Klemmhalter werden oft auch speziell für bestimmte Bauvorhaben hergestellt. Je nach Ausführungsart der Klemmhalter können die Glastafeln flächenbündig oder schuppenartig gefügt werden. Die glasüberdeckende Klemmfläche sollte 1000 mm^2 (bei

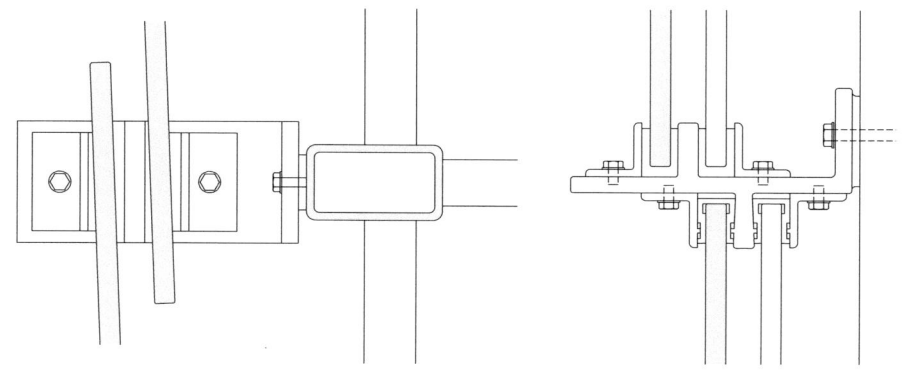

Abb. 42: Klemmhalter mit Flachkonsole für geschuppte Fassade aus Einfachglas

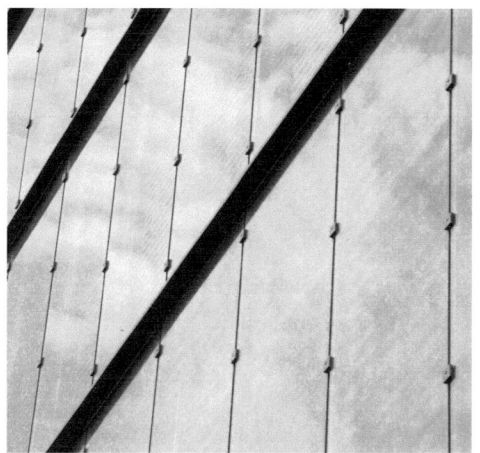

Abb. 43: Fassade mit Klemmhaltern

Abb. 44: Geschuppte Fassade mit Klemmhaltern

mindestens 25 mm Glaseinstand) nicht unterschreiten und ist abhängig von den zu erwartenden Spannungen im Glas. Da auf Bohrungen im Glas verzichtet wird, werden die Klemmhalter in den Fugen zwischen den Glastafeln miteinander verschraubt.

Die punktförmige Klemmung lässt sich auch mit einer linienförmigen Lagerung kombinieren. Dabei liegt die Glasscheibe auf einem durchgehenden Tragprofil auf und wird in bestimmten Abständen mit einer Klemmplatte gegen das Profil gepresst.

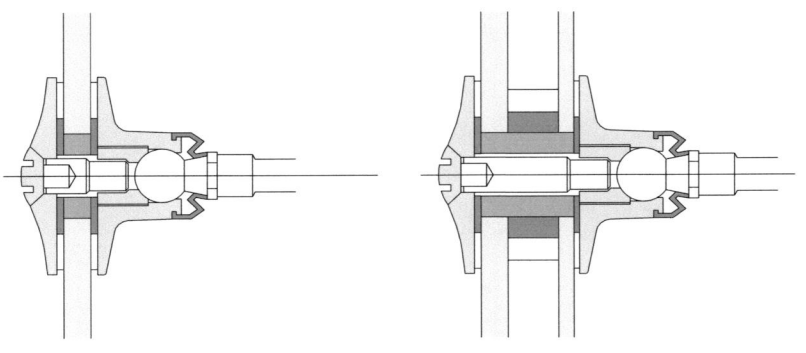

Abb. 45: Punkthalter mit Linsenkopf für Einfachglas und Isolierglas – Gelenk außerhalb der Scheibenebene

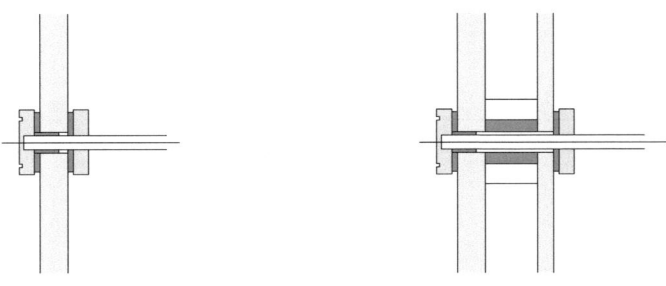

Abb. 46: Punkthalter mit zylindrischer Anpressscheibe für Einfachglas und Isolierglas

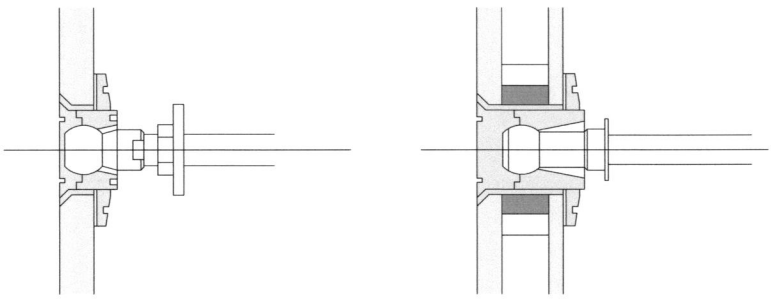

Abb. 47: Punkthalter mit Senkkopf für Einfachglas und Isolierglas – Gelenk in Scheibenebene

Abb. 48: Fassade mit Punkthaltern

Punkthalter im Bohrloch halten die Glasscheibe innerhalb der Glasfläche. Der Aufwand der Glasbearbeitung ist aufgrund der erforderlichen Bohrungen größer als bei Konstruktionen mit Klemmhaltern. Punkthalter kommen in unterschiedlichen Varianten vor. Es gibt flächenbündige Punkthalter (Senkkopf) sowie Punkthalter mit aufgesetzter Anpress-Scheibe (Klemmteller), z. B. in linsenförmiger (Linsenkopf) oder zylinderförmiger Ausführung. > Abb. 45–48 Punkthalter im Bohrloch

Da das Glas im Bereich der Lochlaibung durch das Bohren vorgeschädigt und folglich geschwächt ist und dort gleichzeitig unter Belastung die höchsten Spannungen auftreten, ist eine präzise statische und konstruktive Planung erforderlich. Der Mindestabstand von Bohrungen untereinander bzw. zum freien Glasrand sollte 80 mm nicht unterschreiten. Bei Isolierglas ist ein zusätzlicher Randverbund um das Bohrloch erforderlich, um die Dichtigkeit des Scheibenzwischenraums zu gewährleisten. Punkthalter im Bohrloch sind in ihrer Entwicklung aufwendig, sodass in Fassaden und Glasdächern meist patentierte und bewährte Serienfabrikate eingesetzt werden.

Eine Sonderform ist der sogenannte Hinterschnittanker. Dieser Anker befestigt das Glas nur von einer Seite aus. Von der anderen Seite muss nicht gegengeschraubt werden. Die Befestigung erfolgt durch Einklemmen eines verformbaren Zylinders in eine konische Bohrung im Glas. > Abb. 49 Hinterschnittanker

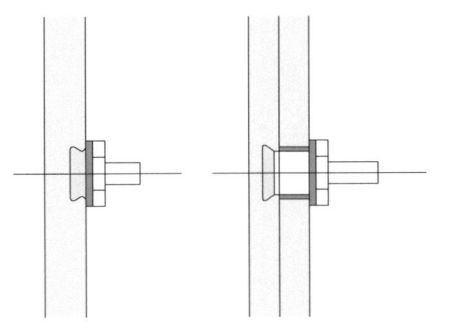

Abb. 49: Hinterschnittanker, Ausführung mit ESG und VSG

Abb. 50: Vierpunktverbinder

In Fassaden kommen häufig Punkthalter mit integriertem Kugelgelenk zum Einsatz. Dadurch werden größere Biegemomente an den Punktauflagern infolge Durchbiegung der Glasscheibe vermieden.

Punkthalter werden über Gewindebolzen an eine Unterkonstruktion befestigt. Unterkonstruktion und Gewindebolzen sollten das nachträgliche Justieren der Glastafeln und das Ausgleichen von Bautoleranzen ermöglichen. Hierfür eignet sich beispielsweise ein flaches Stahlprofil mit Langloch oder ein spezieller Vierpunktverbinder aus Edelstahlguss. > Abb. 50

GLASFUGE UND GLASECKE

Glasfuge

Da kein überdeckendes Profil vorhanden ist, steht die Glaskante einer punktförmig gelagerten Verglasung frei. Bei Einfachverglasungen, deren Funktion auf den Wetterschutz beschränkt ist, z. B. bei Parkhäusern oder Lagerhallen, kann die Glasfuge offen bleiben. Dies führt zu kostengünstigeren Fassaden, und darüber hinaus wird eine gute Raumlüftung gewährleistet. Bei Isolierglas-Fassaden hingegen ist eine Abdichtung der Fugen erforderlich. Die Fugen müssen elastisch ausgeführt werden, da sich das Glas infolge Erwärmung ausdehnt (Dilatation) bzw. die Fassade sich unter Windbelastung verformt.

Dichtprofil

Für Dichtprofile gibt es zwei grundsätzliche Ausführungsvarianten. Bei der ersten Variante wird ein Dichtprofil aus EPDM/APTK oder Silikon in die Fuge eingedrückt. Bei der zweiten Variante kommt zusätzlich zu einem Dichtprofil von geringerer Tiefe ein spritzbarer Dichtstoff zum Einsatz, der die Fuge von außen versiegelt. > Abb. 51 und 52

Bei Isolierglas oder Verbundglas sollte der Falzraum frei bleiben, um die Funktion von Dampfdruckausgleich und Drainage zu ermöglichen und

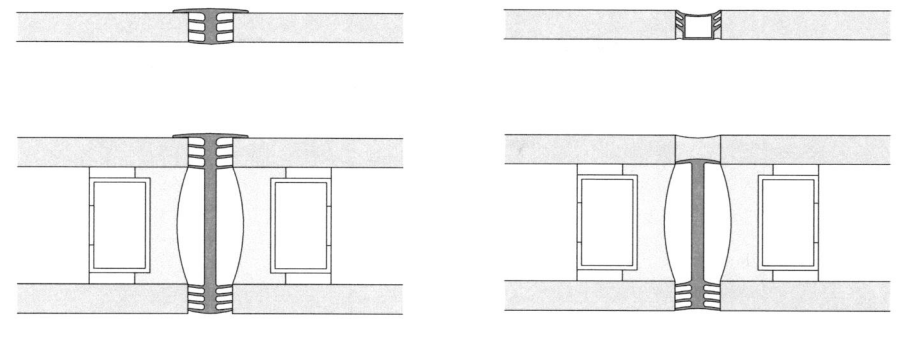

Abb. 51: Fuge mit Dichtprofil für Einfachglas und Isolierglas

Abb. 52: Fuge mit Dichtprofil und Nassversiegelung für Einfachglas und Isolierglas

somit die Langzeitbeständigkeit des Glasrandes zu gewährleisten. Auf diese Weise bleibt Leckwasser oder kondensierter Wasserdampf nicht über längere Zeit an einer Stelle und kann schnell über das Drainagesystem nach außen geführt werden. Der ungeschützte Randverbund von Isolierglas muss außerdem beständig gegen UV-Strahlung sein. Einen UV-beständigen Randverbund erhält man durch Verwendung von Silikon als zweiter Dichtstufe (anstelle von Polysulfid oder Polystyrol) oder durch einen meist schwarzen Emailstreifen, der auf die Innenseite der äußeren Glasscheibe (Ebene 2) aufgedruckt wird und den Randverbund überdeckt.

Für <u>Glasecken</u> gelten ähnliche Gesetzmäßigkeiten wie für Glasfugen. Der Dampfdruckausgleich und die chemische Verträglichkeit der Dichtstoffe müssen sichergestellt sein. Glasecken haben einen ungünstigeren Dämmwert als die Verglasung selbst, weshalb mit Kondensatbildung zu rechnen ist. Es bestehen unterschiedliche Möglichkeiten der Eckausbildung bei rahmenloser Verglasung mit Isolierglas. Im Wesentlichen ergeben sich folgende Lösungen:

Glasecke

— Opake Eckausbildung: Die Ecke wird von einem Dämmprofil ausgefüllt. > Abb. 53
— Stufenisolierglas und äußere Kante auf Gehrung > Abb. 54
— Stufenisolierglas, ineinandergestellt > Abb. 55

Die Ausführungsarten mit Stufenisolierglas, insbesondere die mit Gehrungsschliff, sind aufwendiger und erfordern eine präzise Montage und Fugenausbildung. Dafür wird die Ansicht der durchgehenden Glasoberfläche auch in der Ecke nicht durch ein anderes Material unterbrochen.

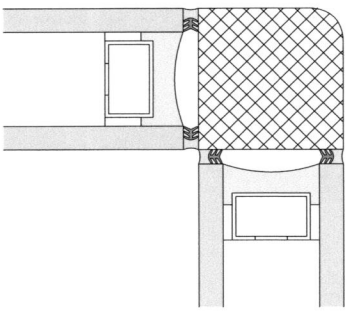

Abb. 53: Opake Eckausbildung

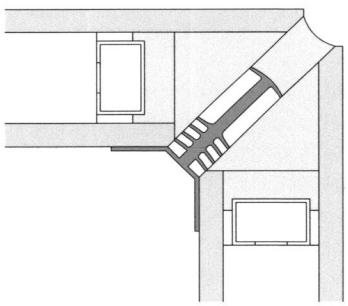

Abb. 54: Stufenisolierglas, äußere Kante auf Gehrung

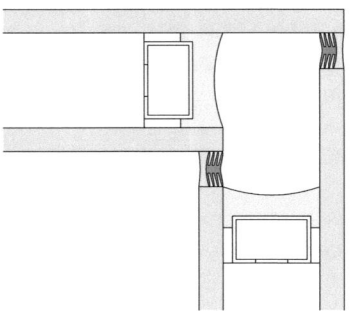

Abb. 55: Stufenisolierglas, ineinandergestellt

STRUCTURAL SEALANT GLAZING (SSG)

Structural-Sealant-Glazing-Konstruktionen sind Systemkonstruktionen, bei denen die Glasscheibe durch Verklebung befestigt wird. Diese Sonderform der linearen Lagerung ist nicht allgemein geregelt, die jeweiligen Systeme benötigen daher eine besondere baurechtliche Zulassung. Die Verklebung der Glasscheibe mit einem Metallrahmen (Adapterrahmen), der zudem mechanisch an ein Tragprofil befestigt wird, erlaubt eine flächenbündige, rahmenlose Fassadenoberfläche.

Die Verklebung hat lediglich die Funktion, Windlasten abzutragen, die Abtragung des Glaseigengewichtes erfolgt hingegen „klassisch" über Verklotzungen. Die umlaufende Verklebung kann nicht auf der Baustelle ausgeführt werden, sie muss unter genau vorgegebenen Klima-, Temperatur- und Sauberkeits-Bedingungen in einer Werkstatt erfolgen, die über eine entsprechende Lizenz verfügt. In den meisten Fällen findet die Verklebung direkt nach der Glasverarbeitung im Glaserbetrieb statt. Die Klebeflächen müssen zu diesem Zweck absolut sauber, trocken und fettfrei sein._Verklebung_

In manchen Ländern, wie z. B. in Deutschland, ist die Verglasung ab einer Einbauhöhe von 8 m mit einer zusätzlichen Windsog-Sicherung aus Metall zu befestigen. Sie verhindert ein Herabstürzen der Verglasung im Falle des Versagens der Verklebung. Die Anforderungen an die Verklebung sind sehr hoch, da sie vielen Belastungen wie Temperaturwechsel, Feuchtigkeit, UV-Licht und der möglichen Zersetzung durch Mikroorganismen standhalten muss. Die Forderung nach einer zusätzlichen Sogsicherung erklärt sich mitunter aus der Tatsache, dass sich die langfristige Tragfähigkeit von Klebeverbindungen nur sehr schwer im Voraus bestimmen lässt. Die Sogsicherung kann entweder als umlaufender Rahmen oder als punktuelle Befestigung ausgeführt werden. Es gibt unterschiedliche Systeme für SSG-Fassaden hinsichtlich der Ausführung von Klebung, Sogsicherung, Fugendichtung und Isolierglas. Letzteres wird entweder mit Stufe (Stufenisolierglas) oder mit stumpf geschnittenem Rand gefertigt. > Abb. 56–58_Sogsicherung_

Als Klebstoffe sind u. a. Silikone und Polyurethane geeignet. Ähnlich wie bei den punktgehaltenen Verglasungen ist bei SSG-Verglasungen der ungeschützte Randverbund von Isolierglas UV-beständig auszuführen. Klebeverbindungen werden heutzutage nicht nur bei SSG-Verglasungen, sondern auch bei Ganzglaskonstruktionen immer häufiger eingesetzt. Sie übernehmen dabei auch wesentliche statische Funktionen. > Kap. Anwendungen

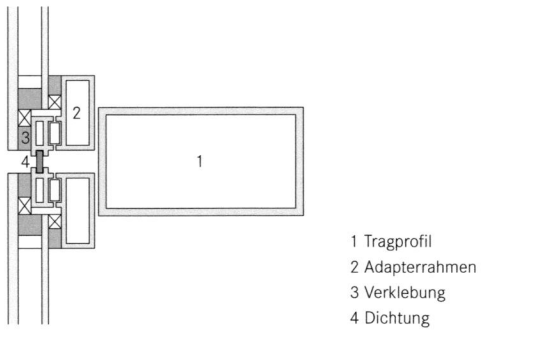

1 Tragprofil
2 Adapterrahmen
3 Verklebung
4 Dichtung

Abb. 56: SSG mit Stufenisolierglas und Schattenfuge

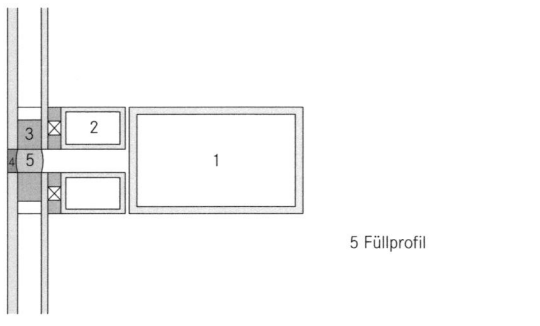

5 Füllprofil

Abb. 57: SSG mit Dichtungsfuge

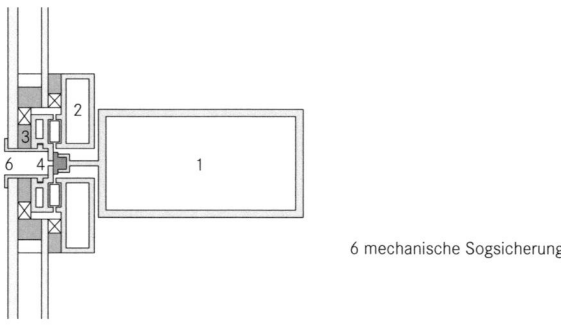

6 mechanische Sogsicherung

Abb. 58: SSG mit mechanischer Sogsicherung

Anwendungen

VERTIKALVERGLASUNGEN

Während für Überkopfverglasungen nur bestimmte Glasarten zugelassen sind, > Kap. Konstruktion und Fügung können bei Vertikalverglasungen theoretisch alle Glasarten eingesetzt werden. In der Praxis gibt es jedoch Einschränkungen, die aus dem Einbauort, der Nutzung und der Konstruktion resultieren.

Zur Minimierung von Unfallrisiken findet häufig ESG oder VSG anstelle von Floatglas Verwendung. Der Einsatz von Sicherheitsglas wird beispielsweise in Verkehrsbereichen von Schulen und Kindergärten notwendig, wenn nicht durch andere Maßnahmen (Geländer oder Brüstungen) gewährleistet ist, dass der Anprall von Personen verhindert werden kann. Um das Glasbruchrisiko zu verringern, kommt als äußere Verglasung von Isolierglas hin und wieder ESG zum Einsatz: Dies gilt insbesondere für Fassaden, die sich über öffentlichen Verkehrsflächen befinden oder deren Verglasungen nicht allseitig im Rahmen gehalten werden. Für Einfachverglasungen, die nicht allseitig linienförmig gelagert sind, wird empfohlen, anstelle von Floatglas TVG, ESG, VSG oder gegebenenfalls auch Drahtglas zu verwenden. In manchen Ländern ist dies Vorschrift. Oberhalb von 4 m Einbauhöhe setzt man zur Vermeidung eines möglichen Spontanbruches durch eingeschlossene Nickelsulfidkristalle anstelle von ESG heißgelagertes ESG (ESG-H) ein. > Kap. Baustoff Glas

Glasarten, Glasbruchrisiko

Punktförmig gelagerte Verglasungen erfordern meistens die Verwendung von vorgespanntem Glas. Ab einer Einbauhöhe von 4 m wird auch häufig Verbundsicherheitsglas aus 2 × TVG oder 2 × ESG eingesetzt, um zu verhindern, dass im Schadensfall einzelne Bruchstücke herabfallen.

Die Elementgrößen sind, abgesehen von gestalterischen und funktionalen Kriterien, abhängig von den Lasten, der Art der Lagerung und der verwendeten Glasart. Bei der Bemessung von vertikalen Glaselementen werden neben dem Eigengewicht, Windlasten (Windsog und Winddruck),

Lastannahmen, Elementgrößen

■ **Tipp:** Gläser mit hochabsorbierenden (Sonnenschutz-) Beschichtungen oder in der Masse gefärbte Gläser wärmen sich in der Sonne stärker auf als neutrale farblose Gläser und sollten daher thermisch vorgespannt werden. Dies betrifft vor allem Glasscheiben, die mehr als 50 % der auftreffenden Wärmestrahlung absorbieren.

Abb. 59: Montage einer großen Isolierglasscheibe auf der Baustelle

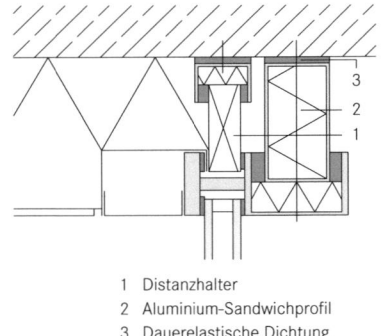

1 Distanzhalter
2 Aluminium-Sandwichprofil
3 Dauerelastische Dichtung

Abb. 60: Deckenanschluss einer Pfosten-Riegel-Fassade

Klimalasten (bei Isolierglas) > Kap. Baustoff Glas und insbesondere auch Verkehrslasten (z. B. horizontale Anpralllasten bei Schaufenstern) berücksichtigt. Theoretisch können bei allseitiger linienförmiger Lagerung Einfachverglasungen und auch Isolierverglasungen bis zu einer Größe von 3,21 × 6,00 m (Bandmaß) eingebaut werden. Bei nicht allseitig linienförmiger oder punktförmiger Lagerung sind die maximal möglichen Formate deutlich kleiner, da größere Durchbiegungen und höhere Spannungen im Glas aufgenommen werden müssen. Das Glasgewicht schränkt die Größe weiter ein: Eine Isolierglasscheibe in der Größe von 3 × 6 m kann durchaus ein Gewicht von 2 t erreichen. Die Montage großer und schwerer Glastafeln ist aufwendig und erfordert besonders leistungsfähige Glassauger, die als Hebewerkzeug eingesetzt werden. > Abb. 59

Fassadentypen Im Wesentlichen werden zwei Arten von Glasfassaden unterschieden, nämlich Pfosten-Riegel-Fassade und Elementfassade.

Der Name Pfosten-Riegel-Fassade verweist auf die tragende Konstruktion der Fassade, bestehend aus vertikalen Stäben (Pfosten) und horizontalen Stäben (Riegel). Die Montage der einzelnen Riegel und Pfosten erfolgt erst auf der Baustelle durch Verschweißen oder Verschrauben. Anschließend wird das Glas von außen auf dieser Unterkonstruktion befestigt. Die Pfosten-Riegel-Fassade ermöglicht die Realisierung großer Spannweiten, hat aber den Nachteil, dass die Montage auf der Baustelle aufwendiger ist und mehr Zeit in Anspruch nimmt als bei Elementfassaden.

Elementfassaden bestehen aus im Werk vorgefertigten Elementen, in denen bereits alle Teile der Konstruktion wie Rahmen, Verglasung und Öffnungsflügel > Kap. Anwendungen, Öffnungen integriert sind. Die Abmessungen der vorgefertigten Elemente müssen für den Transport geeignet sein, wodurch die Größe der lieferbaren Elemente beschränkt ist.

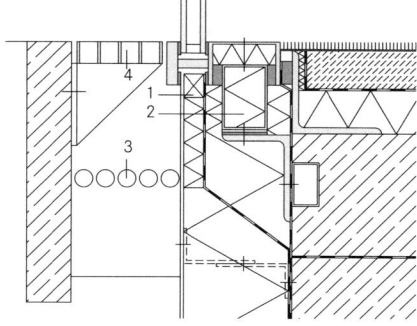

Abb. 61: Pfosten-Riegel-Fassade mit niveaugleichem Bodenanschluss

1 Distanzhalter
2 Aluminium-Sandwichprofil
3 Filterkies
4 Gitterrost

Die Anschlüsse einer Glasfassade zu benachbarten Bauteilen, etwa an das Dach oder an Geschossdecken, müssen derart ausgebildet werden, dass keine zusätzlichen Drucklasten in die Ebene der Glasscheiben eingeleitet werden.

Aus diesem Grund wird die Fassade in der Glasebene über einen Distanzhalter aus Kunststoff oder ein Aluminium-Sandwichprofil an die Decke angeschlossen. Durch Verkehrslast oder Setzung verursachte Bewegungen der Decke werden durch diesen gleitenden Anschluss ausgeglichen. Dichtigkeit und thermische Trennung der Fassade bleiben dabei erhalten. > Abb. 60

Auch beim Fußpunkt einer Pfosten-Riegel-Fassade wird ein Distanzhalter zusammen mit der Bauwerksabdichtung an den unteren Fassadenriegel angeschlossen und hinter der Pressleiste befestigt. Zu beachten ist, dass der Anschlusspunkt Dichtung–Fassade mindestens 15 cm über der Wasser führenden Schicht liegen muss. Wird ein niveaugleicher Anschluss zum Außenbereich umgesetzt, ist darauf zu achten, dass eine Bodenrinne die Entwässerung sicherstellt. > Abb. 61

	Anschlussdetails
	Dachanschluss, Deckenanschluss
	Fußpunkt

ÖFFNUNGEN

Öffnungselemente in der Gebäudehülle haben wesentliche Funktionen zu erfüllen. Daneben ist ihre Gestaltung von besonderer Bedeutung für das gesamte Erscheinungsbild. Bei Glasfassaden sind Öffnungen auch deshalb wichtig, weil sie die Regulierung des Gebäudeklimas unterstützen. Sie ermöglichen die natürliche Be- und Entlüftung des Innenraums und wirken somit einer kontinuierlichen Erwärmung der Raumluft durch Solarstrahlung entgegen. Neben klassischen Fensterflügeln werden in Glasfassaden oder auch Glasdächern zusätzliche Öffnungselemente

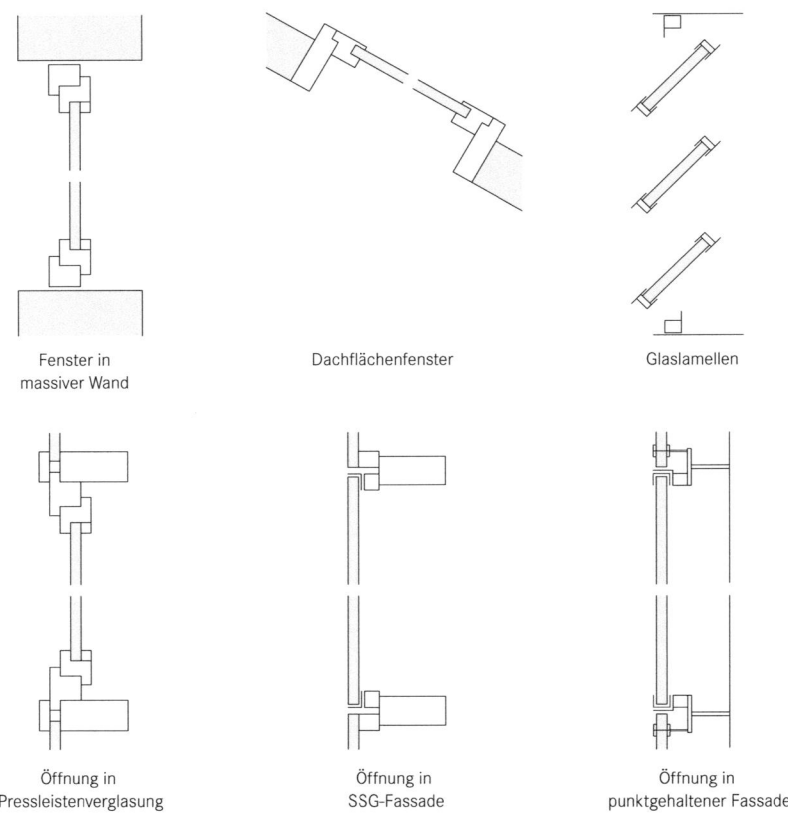

Abb. 62: Übersicht Öffnungselemente

eingesetzt, die eine kontinuierliche Lüftung sicherstellen und automatisch in Abhängigkeit von der Raumtemperatur gesteuert werden können. Nachfolgend werden verschiedene Typen von Öffnungselementen in Glasfassaden aufgelistet und beschrieben. > Abb. 62

Das Fensterelement in einer Wand stellt die einfachste und ursprünglichste Form einer Glasfassade dar. Es kann aus einem Feld bestehen oder in mehrere Felder aufgeteilt sein, die wiederum fest verglast oder öffenbar sind (Öffnungsflügel).

Das Dachflächenfenster dient der Belichtung und Belüftung von Räumen unter Dächern. Das Glas muss die Anforderungen an Überkopf-

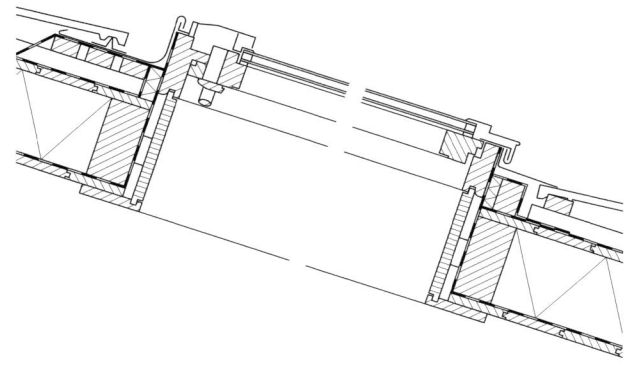

Abb. 63: Dachflächenfenster

verglasungen erfüllen. Das Dachflächenfenster sollte stets ein Gefälle haben, um einen uneingeschränkten Wasserabfluss zu gewährleisten.
> Abb. 63

Glaslamellen oder Lamellenfenster ermöglichen eine genaue Einstellung des erforderlichen Lüftungsquerschnittes (geöffnete Fläche) und somit eine fein regulierbare Raumbelüftung. Lamellen stehen in unterschiedlichen Ausführungsarten mit oder ohne Rahmen für Einfach- und Isolierglas zur Verfügung. > Abb. 64 und 65

Die oben aufgeführten Öffnungen sind auch in eine Pressleistenverglasung integrierbar. Dabei wird anstelle des Glases der Blendrahmen des Öffnungselementes zwischen Tragrahmen und Pressleiste eingesetzt. Der Rahmen des Öffnungselementes ist breiter als die Pressleiste und daher von außen deutlich sichtbar.

■ **Tipp:** Mehr zum Thema Öffnungen findet sich in dem Band *Basics Fassadenöffnungen* von Roland Krippner und Florian Musso, erschienen im Birkhäuser Verlag, Basel.

■ **Tipp:** Glaslamellen aus Einfachglas werden auch für beweglichen, außenliegenden Sonnenschutz verwendet. Zu diesem Zweck wird die Glasoberfläche bedruckt oder beschichtet. Mit Hilfe integrierter Solarzellen kann der Strom für den elektrischen Antrieb der Glaslamellen erzeugt werden.

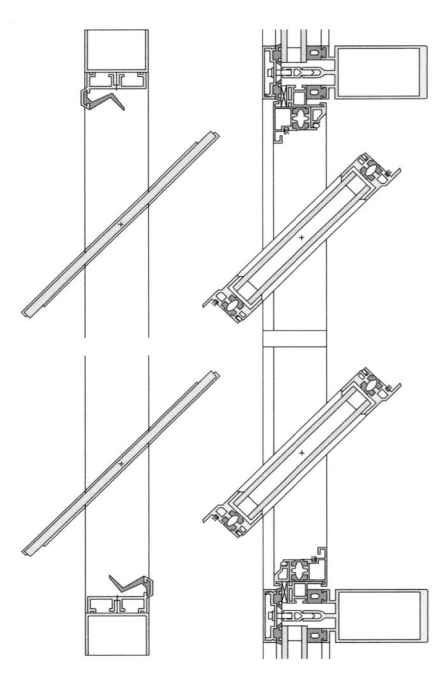 

Abb. 64: Glaslamellen aus Einfachglas und Isolierglas   Abb. 65: Fenster mit Glaslamellen

Als Öffnungen in SSG-Fassaden werden häufig Klappflügel, die zum Öffnen nach außen geklappt werden, verwendet. Diese Ausführung ermöglicht Öffnungsflügel mit rahmenloser Außenansicht, die sich gestalterisch gut in SSG-Fassaden einfügen. > Abb. 66

Die Integration von Öffnungselementen in punktgelagerte Verglasungen stellt eine besondere Herausforderung dar, da auch im Bereich der Öffnungen die filigrane Erscheinung der Fassade nicht gestört werden soll. In Fassaden mit Einfachverglasung können zum Beispiel Klappflügel oder Lamellen aus punktgehaltenem Glas eingesetzt werden.

Bei Fassaden aus Isolierglas ist der Aufwand wesentlich höher. Aufgrund des fehlenden Rahmens sind die konstruktiven Möglichkeiten zum Anschluss von Dichtungen und Beschlägen, die eine ausreichende thermische Trennung gewährleisten würden, sehr begrenzt. Daher werden meistens Öffnungselemente mit Rahmen in die Fassade integriert. Es besteht z. B. die Möglichkeit, Klappflügel, ähnlich wie bei SSG-Fassaden, einzusetzen.

 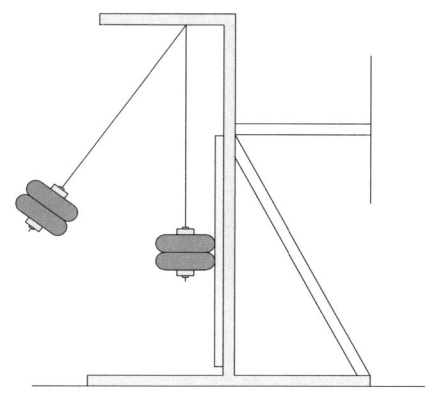

Abb. 66: Öffnung in SSG-Fassade   Abb. 67: Pendelschlagversuch

ABSTURZSICHERNDE VERGLASUNGEN

Glaskonstruktionen, die an Stelle eines baurechtlich vorgeschriebenen Geländers oder einer Brüstung Personen gegen Absturz sichern, werden absturzsichernde Verglasungen genannt. Die Bandbreite der Anwendungsmöglichkeiten reicht von Geländerausfachungen aus Glas über Ganzglasbrüstungen bis hin zu raumhohen, linien- oder auch punktförmig gelagerten Verglasungen. Die Sicherheit absturzsichernder Verglasungen muss in manchen Ländern durch einen dynamischen Belastungsversuch wie den Pendelschlagversuch nachgewiesen werden.
> Abb. 67

Da solche Versuche recht aufwendig sind, sollte man die Konstruktion so planen, dass Erfahrungswerte bewährter Konstruktionen einfließen und auf einen weiteren Belastungsversuch verzichtet werden kann. Verglasungen, die gegen Absturz sichern, lassen sich grundsätzlich in drei Kategorien aufteilen:

Die erste Kategorie umfasst raumhohe Festverglasungen, also Verglasungen ohne Öffnungsflügel, die keinen Brüstungsriegel oder vorgesetzten Holm zur Aufnahme von Horizontallasten besitzen. Eine allseitige linienförmige Lagerung ist hier in statischer Hinsicht am wirksamsten. Ist dies nicht möglich, müssen die freien Kanten der Verglasungen auf andere Weise sicher vor Stößen geschützt werden, z. B. durch angrenzende Glasscheiben oder benachbarte Bauteile wie Wände oder Decken. Zweiseitig gelagerte Glasscheiben biegen sich aufgrund der freien Kanten bei einem möglichen Anprall wesentlich stärker durch. Daher sollte auf einen ausreichenden Glaseinstand geachtet werden, damit

Raumhohe Festverglasung

Abb. 68: Ganzglasbrüstung

Abb. 69: Geländer mit punktgelagerter Glasausfachung

die Scheibe nicht aus der Halterung rutschen kann. Bei punktförmiger Lagerung sollten die Klemmteller einen Durchmesser von mindestens 50 mm haben.

Tragende Ganzglasbrüstung

Als zweite Kategorie sind tragende Glasbrüstungen zu nennen, die an ihrem unteren Rand in einer Klemmkonstruktion linienförmig gelagert sind. Die obere Kante sollte vor Stößen geschützt sein, etwa durch ein aufgeklebtes Profil oder einen aufgesteckten durchgehenden Handlauf. Dieser muss so bemessen werden, dass er auch beim Ausfall eines Glases die Horizontallasten sicher an die benachbarten Scheiben überträgt. Geeignete Glasarten in dieser Kategorie sind VSG aus TVG oder ESG.
> Abb. 68

Geländerausfachung

Die dritte und letzte Kategorie beschreibt Brüstungsgläser in Fassaden und Glasgeländer, bei denen das Glas als Ausfachung eingesetzt wird. Die Horizontallasten werden durch einen tragenden Handlauf oder einen Querriegel (Fassade) aufgenommen. Die Verglasungen sind entweder an mindestens zwei gegenüberliegenden Seiten linienförmig oder auch punktförmig zu lagern. Eingesetzt werden Scheiben aus VSG oder auch ESG. > Abb. 69

○ **Hinweis:** Absturzsichernde Verglasungen erfordern in den meisten Fällen den Einsatz von VSG, bei punktförmiger Lagerung den Einsatz von VSG aus TVG oder aus ESG. Auch bei gebrochener Glasscheibe bietet der Verbund aus Glas und hochreißfester Folie noch genügend Sicherheit gegen den Anprall von Personen.

■ **Tipp:** Einen Sonderfall stellt eine raumhohe Festverglasung dar, die über einen in baurechtlich vorgeschriebener Höhe vorgesetzten tragenden Holm, z. B. ein Rundprofil aus Edelstahl, auf der Innenseite verfügt, der etwaige Anpralllasten größtenteils abfängt. Bei unveränderter Außenansicht kann hierdurch die Glasdicke verringert werden.

ÜBERKOPFVERGLASUNGEN

Überkopfverglasungen können ähnlich wie Vertikalverglasungen linienförmig oder punktförmig gelagert werden.

Die statischen Belastungen für Überkopfverglasungen sind höher als bei Vertikalverglasungen, da die Eigenlast der Glasscheibe quer zur Glasebene wirkt und zusätzlich zu Wind- und Klimalasten auch Schneelasten berücksichtigt werden müssen. Aufgrund der höheren Belastungen sind im Überkopfbereich nicht so große Elementformate wie in Fassaden möglich. Bei größeren Glasdächern müssen Zusatzlasten für Personen und Material angenommen werden, da die Verglasung für Wartungsarbeiten oder Reinigungsarbeiten betretbar sein muss. > Kap. Anwendungen, Betretbare und begehbare Verglasungen

Lastannahmen, Bemessung

Zudem sollte eine Dachverglasung resistent gegen Stoßbelastungen sein, die zum Beispiel durch Hagelkörner oder auch durch herabfallende Zweige verursacht werden können. Daher sollte generell als obere Deckschicht ein vorgespanntes Glas verwendet werden. Bei punktförmig gehaltenen Überkopfverglasungen resultiert die erforderliche Glasdicke nicht nur aus den Lasten, sondern auch aus der Resttragfähigkeit. Dasselbe gilt für die Tellerdurchmesser der Punkthalter. > Tab. 7

Tab. 7: Punktgelagerte Überkopfverglasung mit nachgewiesener Resttragfähigkeit bei rechtwinkligem Stützraster

Punkthalter Tellerdurchmesser (mm)	Minimale Glasdicke (mm) VSG aus TVG	Stützweite (cm) in Richtung 1	Stützweite (cm) in Richtung 2
70	2 × 6	90	75
60	2 × 8	95	75
70	2 × 8	110	75
60	2 × 10	100	90
70	2 × 10	140	100

○ **Hinweis:** Bei gläsernen Umwehrungen von Aufzugsschächten oder auch Fahrtreppen sind meistens zusätzliche Maßnahmen notwendig, um den sicheren Betrieb dieser Förderanlagen zu gewährleisten. Beispielsweise muss eine Verglasung so ausgeführt werden, dass weder über sie hinweg noch zwischen den Glastafeln (bei einer rahmenlosen Verglasung) hindurch gegriffen werden kann.

○ **Hinweis:** Bei punktgelagerter Überkopfverglasung sollte mindestens VSG aus 2 × 6 mm starkem TVG und einer mindestens 1,52 mm starken PVB-Folie eingesetzt werden. Die Durchmesser der Klemmteller sollten mindestens 60 mm betragen. Der freie Glasrand, d. h. der Abstand zwischen Glaskante und Punkthalter, muss mindestens 80 mm und darf höchstens 300 mm betragen.

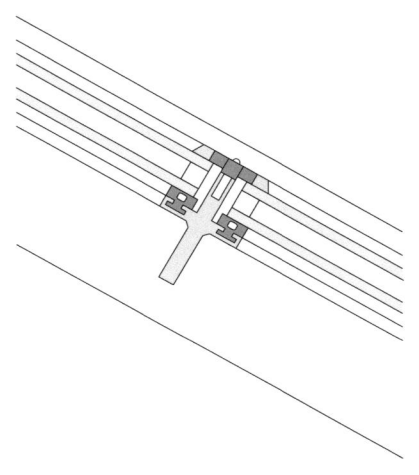

Abb. 70: Pressleiste abgeschrägt (quer)

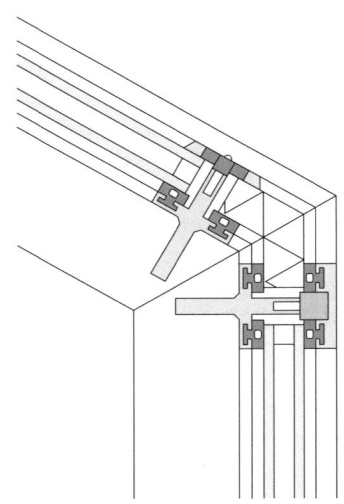

Abb. 71: Traufpunkt mit Fassadenpaneel ohne Dachüberstand

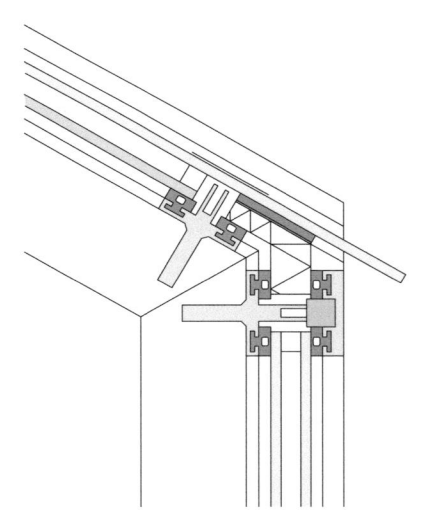

Abb. 72: Traufpunkt mit Fassadenpaneel und Dachüberstand

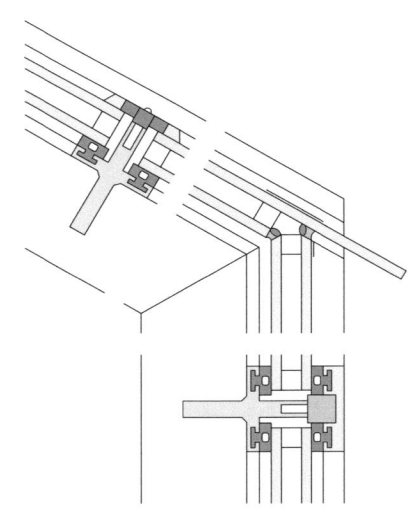

Abb. 73: Traufpunkt mit Ganzglasecke und Dachüberstand

Die Glasfläche sollte immer ein ausreichendes Gefälle zur Wasser führenden Ebene, also zur Entwässerungsrinne oder zu einem angrenzenden Flachdach haben. Quer laufende Pressleisten (Pressleistenverglasungen) sind abgeschrägt auszuführen, damit das Wasser besser ablaufen kann. > Abb. 70

Dachentwässerung

Der Traufpunkt mit Anschluss an eine Vertikalverglasung kann entweder mit oder ohne Dachüberstand umgesetzt werden. Bei der Ausführung ohne Dachüberstand läuft das Regenwasser direkt an der Glasfassade herunter und verschmutzt diese zusätzlich. Größere Glasdächer müssen daher über Dachrinnen entwässert werden. > Abb. 71–73

BETRETBARE UND BEGEHBARE VERGLASUNGEN

Eine Überkopfverglasung, die zu Wartungs- und Reinigungszwecken betretbar sein muss, wird allgemein als betretbare Verglasung bezeichnet. Es ist zu beachten, dass trotz der Bezeichnung nur eine beschränkte Anzahl von Wartungspersonen die Glasfläche gleichzeitig betreten darf. Neben der statischen Tragfähigkeit des Glases sind bei der Planung Maßnahmen zu berücksichtigen, die ein Abrutschen beim Betreten verhindern. Ab einer Dachneigung von 20° sind Sicherungshaken einzubauen. Die Verglasung selbst sollte in VSG mit nachgewiesener Stoßsicherheit und Resttragfähigkeit ausgeführt werden. Bei Isolierglas ist für die obere Scheibe statt VSG auch der Einsatz von ESG möglich.

Betretbare Verglasung

Die begehbare Verglasung ist im Gegensatz zur betretbaren Verglasung für den allgemeinen Publikumsverkehr zugänglich und daher für eine wesentlich höhere Verkehrslast ausgelegt. Meistens wird ein Maximalwert von 5,0 KN/m² angenommen. Begehbare Verglasungen haben eine Glasstärke von etwa 30 mm oder mehr und bestehen aus VSG. Häufig ist die Verglasung aus insgesamt drei Einzelscheiben aufgebaut, wobei die obere Scheibe in ESG oder TVG ausgeführt wird, um eine stoßfeste Oberfläche zu erhalten und um die beiden unteren Scheiben vor Beschädigung zu schützen. Die eigentliche Tragfunktion übernehmen die beiden unteren Scheiben, weshalb die Verglasung auch bei beschädigter Deckscheibe genügend Standsicherheit bietet. > Abb. 74

Begehbare Verglasung

Die Oberfläche sollte rutschsicher ausgeführt werden, etwa mit Hilfe eines speziellen keramischen Siebdrucks, der dem Glas eine vollflächig oder teilflächig raue Oberfläche verleiht. Eine raue und rutschhemmende Oberfläche lässt sich aber auch durch Ätzen herstellen. Eine begehbare Verglasung wird meist vierseitig linienförmig oder zweiseitig linienförmig gelagert. Im zweiten Fall ist eine zusätzliche Verschraubung mit der Stützkonstruktion erforderlich. Die Glasscheiben liegen stets mit einem Glaseinstand von mindestens 30 mm auf druckfesten Elastomer-Unterlagen. Der seitliche Kontakt von Glas zu Glas sowie von Glas zu Metall wird durch eingelegte Distanzklötze verhindert. Begehbare Verglasungen werden u. a. für innenliegende Treppen oder Geschossdecken verwendet. Die

Rutschhemmung

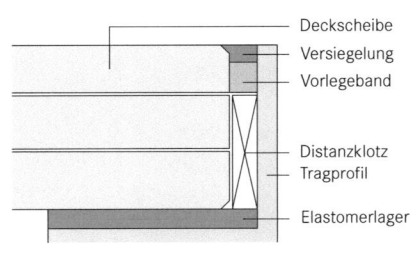

Abb. 74: Aufbau einer begehbaren Verglasung

Abb. 75: Begehbare Dachverglasung

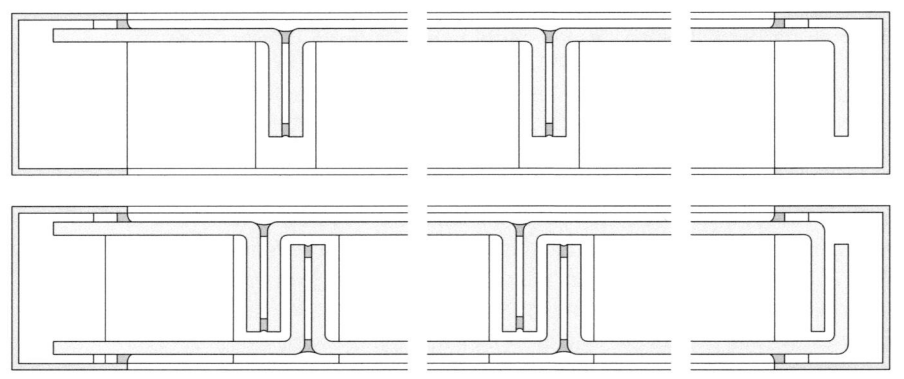

Abb. 76: Bauglas, einschalig und zweischalig verlegt

konstruktive Umsetzung von begehbarem Isolierglas ist aufwendig, da die hohen Verkehrslasten nicht wie beim betretbaren Glas über den Randverbund abgetragen werden können. Dieser würde nämlich durch ständige Belastung beschädigt werden. Begehbare Glasdächer, die beispielsweise der Belichtung von Ausstellungsflächen in Museen dienen, werden daher oftmals als zweischichtiges Dach ausgeführt. Die zur thermischen Trennung erforderliche Isolierverglasung befindet sich also in einer zweiten Ebene unterhalb der begehbaren Verglasung. > Abb. 75

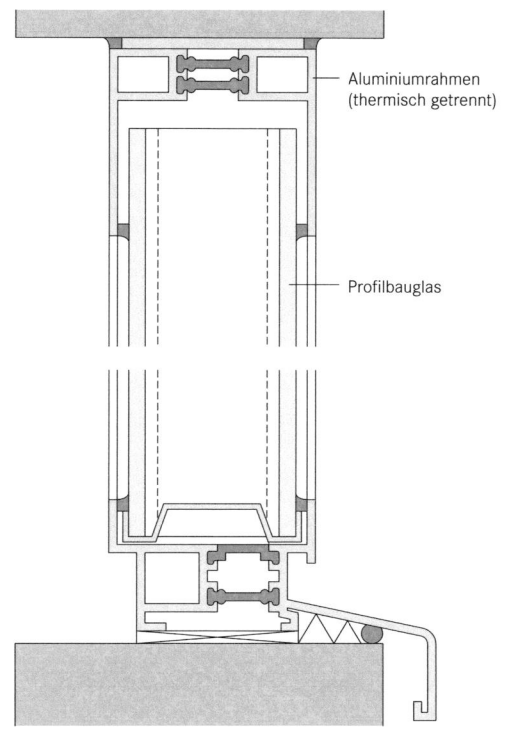

Abb. 77: Aufbau von thermisch getrenntem Profilbauglas

PROFILBAUGLAS

Profilbauglas bietet den Vorteil, dass in der Fläche der Glasfassade auf eine lastabtragende Unterkonstruktion verzichtet werden kann. Die biegesteifen Glasprofile erlauben den sprossenlosen Einbau über große Flächen hinweg. Profilbauglas kann in vertikaler oder horizontaler Richtung verlegt werden. Zur Befestigung und Lastabtragung werden die Profile an den Schmalseiten in ein etwa 50 mm tiefes Rahmenprofil aus Aluminium eingeschoben. Es sind einschalige oder zweischalige Ausführungen möglich. > Abb. 76

Eine thermisch getrennte Glasfassade ist nur mit einer zweischaligen Verglasung möglich. Die Glasprofile werden dabei gegeneinander versetzt verlegt. Danach erfolgt die Aufpolsterung und Abdichtung der Fugen. Bei der zweischaligen Fassade ist zudem ein thermisch getrennter Rahmen sinnvoll. > Abb. 77

Thermische Trennung

Abb. 78: Profilbauglas mit integrierter TWD Abb. 79: Fassadenbeispiel mit Profilbauglas

Da der Raum zwischen den Glasprofilen nicht wie beim Isolierglas entfeuchtet werden kann, muss zur Vermeidung von Kondensatbildung eine Öffnung nach außen eingeplant werden, durch die die feuchte Luft entweichen kann. Profilbauglas kann thermisch vorgespannt werden, was die statischen Eigenschaften und die Sicherheit erhöht. Mit thermisch vorgespanntem Profilbauglas sind Einbaulängen bis etwa 7 m möglich. Zudem können während der Glasherstellung Drahteinlagen eingewalzt werden, um eine splitterbindende Wirkung zu erzielen. Diese Profile sind jedoch nicht mehr thermisch vorspannbar.

Oberflächengestaltung, Beschichtung
Bei Profilbauglas können unterschiedliche Oberflächen-Designs, von glatt bis profiliert, hergestellt werden. Bedingt durch den Herstellungsprozess, ist die Oberfläche von glattem Profilbauglas allerdings nicht so eben wie die von Floatglas, was die Qualität der Durchsicht deutlich beeinträchtigt. > Abb. 80 Profilbauglas ist mittlerweile auch in beschichteter Ausführung erhältlich, zum Beispiel mit Wärmeschutz- oder Sonnenschutzbeschichtung. Bei einer doppelschaligen Verglasung mit Profilbauglas befindet sich die Wärmeschutzbeschichtung auf der inneren, die Sonnenschutzbeschichtung hingegen auf der äußeren Schale. In Profilbauglas kann auch eine transparente Wärmedämmung (TWD) integriert werden. > Abb. 78 und 79

Dabei wird eine Kapillareinlage in den Zwischenraum eingelegt, die das Tageslicht streut. Dieser Effekt wird besonders für Gebäude genutzt, die von einer gleichmäßigen und blendungsfreien Lichtverteilung profitieren, wie etwa Sporthallen, Werkstätten, Museen oder Ateliergebäude.

Abb. 80: Transparentes Profilbauglas

Abb. 81: Glastragwerk mit linienförmig gelagerter Glasfassade

Abb. 82: Glastragwerk mit punktgehaltener Glasfassade

Abb. 83: Trägerrost aus Glas

TRAGWERKE AUS GLAS

Die entmaterialisierten Konstruktionen unserer Zeit spiegeln die technischen Entwicklungen der letzten Jahrzehnte rund um den Baustoff Glas wider. Glas im Gebäude beschränkt sich nicht mehr nur auf seine umhüllende Aufgabe, sondern übernimmt neuerdings auch tragende Funktionen. Bereits vorgestellt wurden begehbare Glasflächen, deren Unterkonstruktion in den meisten Fällen nicht aus Glas besteht. Seit den neunziger Jahren werden auch Glasbauten realisiert, bei denen Glas als primärer Baustoff eines Tragwerkes zum Einsatz kommt. Das bedeutet, dass auch Stützen oder Pfosten einer Glasfassade, die die Aussteifung und die Abtragung der Windlasten übernehmen, in Glas ausgeführt werden.

Anstelle von Stahl- oder Holzprofilen bilden z. B. schlanke Schwerter aus Verbundsicherheitsglas das Tragwerk. Ähnlich wie bei Fassaden können auch die Tragglieder eines Daches in Glas ausgeführt werden. Auf diese Weise wird eine maximale Transparenz und Belichtung des überdachten Innenhofs oder Innenraums erreicht. > Abb. 81–83

Träger aus Flachglas

Abb. 84: Gläserner Verbindungssteg zwischen zwei Gebäuden

Abb. 85: Detail des Verbindungsstegs

Immer innovativere Konstruktionen erweitern ständig die Reihe der sogenannten Ganzglasbauten. Zu nennen sind beispielsweise gläserne Verbindungsbrücken, Ganzglastreppen, experimentelle Stützen aus Glasröhren sowie Bogen- und Schalentragwerke. > Abb. 84–87

Tragende Glasröhren

Glasröhren aus Borosilikatglas haben einen statisch günstigen Querschnitt und eignen sich besonders für die Aufnahme hoher Druckkräfte. Sie können in Gebäuden Stützen aus Beton, Stahl oder Holz ersetzen. Besonderes Augenmerk muss dabei vor allem auf die Stahlbauteile an den Rohrenden gerichtet werden, die die Kräfte gleichmäßig über den Rohrquerschnitt verteilen müssen. Die Lasteinleitung in benachbarte Bauteile erfolgt über ein Kugelgelenk, welches verhindert, dass Querkräfte und Biegemomente in den Glasquerschnitt geleitet werden.

Schalen- und Bogentragwerke

Besonders in Tragwerken, die nicht auf Biegung, sondern vorwiegend auf Druck beansprucht werden, wie zum Beispiel Bogentragwerke, Kuppeln oder Schalen, kann Glas, dessen Druckfestigkeit um ein Vielfaches höher ist als seine Zugfestigkeit, seine Leistungsfähigkeit entfalten.

Bemessung von Glastragwerken

Die Voraussetzungen für die skizzierte Entwicklung bieten zum einen die neuen Möglichkeiten der Verarbeitung von Flachglas zu ESG, TVG oder mehrschichtigem VSG, wodurch die Tragfähigkeit und Resttragfähigkeit der erwähnten Konstruktionen wesentlich verbessert wird. Zum anderen verdankt man diesen Fortschritt neuesten Methoden zur versuchstech-

Abb. 86: Geklebte Treppenkonstruktion aus Glas   Abb. 87: Detail der geklebten Treppenkonstruktion

nischen und rechnerischen Vorausbestimmung des Tragverhaltens von Glas. Im Gegensatz zu sogenannten duktilen Materialien, wie zum Beispiel Stahl, welcher hohe Spannungen durch plastische Verformung abbauen kann, führen hohe Spannungsspitzen im Glas zum Spontanbruch. Die tatsächliche Belastungsgrenze einer Glasscheibe lässt sich nur schwer bestimmen, da diese vom Grad der Vorschädigung (Kratzer, kleine Kantenausbrüche usw.) abhängt. Die zulässigen Spannungen sind daher oft wesentlich kleiner als die tatsächliche Belastungsgrenze der Scheibe. Auf diese Weise wird eine ausreichende Sicherheit vor einem Spontanbruch gewährleistet, was aber bedeutet, dass Ganzglaskonstruktionen nicht so filigran ausgeführt werden dürfen, wie es theoretisch möglich wäre.

Die besondere Schwierigkeit bei Ganzglaskonstruktionen liegt meist nicht im Ableiten von Kräften in der Glasfläche selbst, sondern in der Übertragung der Kräfte von einem Bauteil zum nächsten. Im Bereich dieser Schnittstellen erfolgt die Fügung entweder durch klassische mechanische Verbindungsmittel (Punkthalter oder Klemmhalter) oder durch Klebeverbindungen. Klebeverbindungen haben den Vorteil, dass sie eine gleichmäßige und somit materialgerechte Lasteinleitung in das Glas ermöglichen. Die Kraftübertragung an den Klebeflächen kann aber durch äußere Einflüsse wie Feuchtigkeit, Temperatur oder Alterung

Verbindungsmittel

beeinträchtigt werden. In der Praxis werden bisher meist Silikonklebstoffe verwendet, wobei derzeit an weiteren geeigneten Klebstoffen mit einer höheren Festigkeit geforscht wird. Anstelle von Silikon können zur Verklebung von Glasscheiben auch transparente Folien, sogenannte Schmelzklebstofffolien, eingesetzt werden.

Träger aus Glas werden in Verbundglas ausgeführt, welches sich meist aus drei oder mehr miteinander verklebten ESG- bzw. TVG-Scheiben zusammensetzt. Die äußeren Scheiben dienen dabei als Schutzschicht, während die inneren die eigentliche Tragfunktion übernehmen. Für solche Konstruktionen gibt es derzeit kein allgemeines Regelwerk, sodass die baurechtlichen Auflagen von Land zu Land sehr verschieden sind.

Die bautechnischen Grenzen von Ganzglaskonstruktionen werden nicht nur durch die Festigkeit des Materials, sondern auch durch die Möglichkeiten in der Fertigung bestimmt. Die meisten Verarbeitungsbetriebe können VSG bis zu einer maximalen Länge von 7 m und einer maximalen Dicke von 80 mm fertigen. Größere Längen erfordern hingegen einen Autoklav mit besonderer Größe, über den nur sehr wenige Firmen verfügen.

Schlusswort

Die Visionen von Bruno Taut (Haus des Himmels, 1920) oder Ludwig Mies van der Rohe (Projekt Glashochhaus, Berlin 1921) sind Zeugnis dafür, welche Faszination Glas auf Architekten ausübt. Nahezu neunzig Jahre später hat der Baustoff der Moderne nicht aufgehört, ein moderner Baustoff zu sein.

In Anbetracht des gegenwärtigen Klimawandels ist die ökologische Verantwortung der Architekten größer denn je. Spätestens seit der Energieverbrauch von Gebäuden limitiert wird, sind die neuen leistungsfähigen Wärmeschutz- und Sonnenschutzgläser die Schlüsselkomponenten für die Realisierung von thermischen Hüllen aus Glas. Mit Hilfe von Computerprogrammen zur realitätsnahen Simulation des klimatischen Verhaltens von Gebäuden sowie Erfahrungswerten realisierter Gebäude lassen sich heute Glasfassaden in ein adäquates Energiekonzept einbinden.

In den letzten Jahren haben auch auf dem Gebiet der Gestaltung neue Aspekte an Gewicht gewonnen. Entmaterialisierung und Transparenz sind nicht mehr die allein vorherrschenden Ziele in der Glasarchitektur. Die „Materialisierung" mit Hilfe farbiger oder transluzenter Gläser ist ein beliebtes Gestaltungsmittel, wofür eine Vielfalt von Produkten zur Verfügung steht.

Mit großer Wahrscheinlichkeit werden technische Innovationen wie z. B. schaltbare Beschichtungen, Vakuum-Isoliergläser oder selbstreinigende Oberflächen in Zukunft eine größere Rolle spielen. Fest steht aber schon heute, dass die Entwicklung der Glastechnik noch lange nicht abgeschlossen ist.

Die Leistungsfähigkeit des Baumaterials, die immer neue Perspektiven in Anwendung und Gestaltung eröffnet, macht Glas zu einem Baustoff, welcher das Potenzial hat, auch in Zukunft ein interessantes und spannendes Arbeitsfeld zu bieten.

Anhang

NORMEN, RICHTLINIEN, VERORDNUNGEN

Material Glas

EN 572	Basiserzeugnisse aus Kalknatronsilikatglas
EN 1051	Glas im Bauwesen – Glassteine und Betongläser
EN 1096	Beschichtetes Glas
EN 1279, Teil 1–6	Mehrscheiben-Isolierglas
EN 1863	Teilvorgespanntes Kalknatronglas
EN 12150	Thermisch vorgespanntes Kalknatron-Einscheibensicherheitsglas
EN 14179	Heiß gelagertes thermisch vorgespanntes Kalknatron-Einscheibensicherheitsglas
EN ISO 12543	Verbundglas und Verbundsicherheitsglas
Glasnorm 01	Isolierglas, Anwendungstechnische Vorschriften
Glasnorm 02	Montagebedingungen
ASTM C1048-04	Standard Specification for Heat-Treated Flat Glass – Kind HS, Kind FT Coated and Uncoated Glass
ASTM C1172-03	Standard Specification for Laminated Architectural Flat Glass
ASTM C1376-03	Standard Specification for Pyrolytic and Vacuum Deposition Coating on Flat Glass
ASTM C1464-06	Standard Specification for Bent Glass

Wärmeschutz

EN 673	Bestimmung des Wärmedurchgangskoeffizienten (U-Wert) – Berechnungsverfahren
DIN 4108	Wärmeschutz und Energieeinsparung in Gebäuden

Schallschutz

DIN 4109	Schallschutz im Hochbau; Anforderungen und Nachweise

Sonnenschutz

EN 410	Bestimmung der lichttechnischen und strahlungsphysikalischen Kenngrößen von Verglasungen
ISO 9050: 2003	Glass in Building – Determination of Light Transmittance, Solar Direct Transmittance, Total Solar Energy Transmittance, Ultraviolet Transmittance and Related Glazing Factors

Sicherheit

EN 356	Sicherheitssonderverglasung – Prüfverfahren und Klasseneinteilung des Widerstandes gegen manuellen Angriff
EN 1063	Sicherheitssonderverglasung – Prüfverfahren und Klasseneinteilung des Widerstandes gegen Beschuss

Brandschutz	
EN 357	Brandschutzverglasungen aus durchsichtigen oder durchscheinenden Glasprodukten – Klassifizierung des Feuerwiderstandes
EN 13501-1	Klassifizierung von Bauprodukten und Bauarten zu ihrem Brandverhalten – Teil 1: Klassifizierung mit den Ergebnissen aus den Prüfungen zum Brandverhalten von Bauprodukten

Statik, Festigkeit	
EN 13022	Glas im Bauwesen – Geklebte Verglasungen
EN 13474	Glas im Bauwesen – Bemessung von Glasscheiben
LBO	Landesbauordnung der einzelnen Bundesländer
TRAV	Technische Regeln für die Verwendung von absturzsichernden Verglasungen
TRLV	Technische Regeln für die Verwendung von linienförmig gelagerten Verglasungen
TRPV	Technische Regeln für die Bemessung und Ausführung punktförmig gelagerter Verglasungen
SIA 358	Geländer und Brüstungen
SIGaB	Dokumentation Sicherheit mit Glas
ASTM E2358-04	Standard Specification for the Performance of Glass in Permanent Glass Railing Systems, Guards and Ballustrades
ANSI Z97.1-2004	Approved American National Standard – Safety Glazing Materials Used in Buildings – Safety Performance Specifications and Methods of Tests
EOTA	Guideline for European Technical Approval for Structural Sealant Glazing Systems (SSGS)

LITERATUR

Andreas Achilles: „Farbiges Glas – Herstellung, Verarbeitung, Planung",
in: *Detail – Zeitschrift für Architektur + Baudetail,* Serie 2007 1/2,
S. 76–82

Andreas Achilles, Jürgen Braun, Peter Seger, Thomas Stark, Tina Volz:
*Glasklar – Produkte und Technologien zum Einsatz von Glas in der
Architektur,* Deutsche Verlagsanstalt, München 2003

David Button, Brian Pye (Hrsg.): *Glass in Building,* Oxford 1993

Andrea Compagno: *Intelligente Glasfassaden/Intelligent Glass Façades.
Material Anwendung Gestaltung,* 5., rev. u. akt. Auflage, Birkhäuser
Verlag, Basel 2002

Glas Trösch: *Glas und Praxis,* 4. Auflage, Glas Trösch, Bützberg 2012

Ruth Kasper, Gerhard Sedlacek, Frank Wellershoff: *Glas im konstruktiven Ingenieurbau,* Ernst und Sohn Verlag, Berlin 2014

Roland Krippner, Florian Musso: *Basics Fassadenöffnungen,* Birkhäuser
Verlag, Basel 2008

Hanno-Walter Kruft: *Geschichte der Architekturtheorie,* 6., erg. Auflage,
Verlag C.H. Beck, München 2013

Rob Nijsse: *Tragendes Glas. Elemente Konzepte Entwürfe,* Birkhäuser
Verlag, Basel 2003

Gerrit Prinssen: *Transparenz und Sinnlichkeit, Handbuch Farb- und
Spezialglas,* Edition Schott, Dedenhausen 2001

Peter Rice, Hugh Dutton: *Transparente Architektur,* Birkhäuser Verlag,
Basel 1995

Saint Gobain Glass: *Memento Glashandbuch,* Aachen 2000

Christian Schittich (Hrsg.): *Gebäudehüllen,* Birkhäuser Verlag,
Basel 2013

Christian Schittich, Gerald Staib, Dieter Balkow, Matthias Schuler,
Werner Sobek: *Glasbau Atlas,* 2. Auflage, Birkhäuser Verlag,
Basel 2006

Jens Schneider, Klaus Siegele: *Glasecken. Konstruktion, Gestaltung,
Beispiele,* Deutsche Verlagsanstalt, München 2005

Werner Sobek: „Glass Structures," in: *The Structural Engineer,* Bd. 83,
Nr. 07/05, April 2005

Bernhard Weller, Thomas Schadow: „Konstruktiver Glasbau", in: *Detail –
Zeitschrift für Architektur + Baudetail,* Serie 2007 1/2, S. 84–88

Wirtschaftsministerium Baden-Württemberg (Hrsg.): *Bauen mit Glas,*
2002

Jan Wurm: *Glas als Tragwerk,* Birkhäuser Verlag, Basel 2007

BILDNACHWEIS

Abbildung 2, 4, 8, 17, 18, 19, 20, 21, 22, 29, 31: Fotograf: Martin Lutz (Akademie der Bildenden Künste), Stuttgart; Bildrechte: Andreas Achilles, Jürgen Braun, Peter Seger, Thomas Stark, Tina Volz, Stuttgart

Abbildung 3, Abbildungen 24, 25 (Cineplexx Salzburg), Abbildungen 26, 27, 78, Abbildung 79 (IHK Würzburg), Abbildung 80 (Uni-Klinik Hamburg): Glasfabrik Lamberts GmbH & Co. KG, Wunsiedel

Abbildung 23: Saint-Gobain Glass Deutschland GmbH, Aachen

Abbildung 28 (Landeszentralbank Meiningen): Schott AG, Mainz

Abbildung 30 (Technologie und Innovationszentrum Grieskirchen), Abbildung 66 (Douglasgebäude Linz), Abbildung 82 (Palais Coburg Wien): Eckelt Glas GmbH, Steyr

Abbildung 36: Schüco International KG, Bielefeld

Abbildungen 37, 38, 40, 41, 42: Institut für internationale Architektur-Dokumentation GmbH & Co. KG, Redaktion Detail, München

Abbildung 44 (Kunsthaus Bregenz): Hélène Binet, London

Abbildung 59: Siegfried Irion, Stuttgart

Abbildung 83 (TU Dresden): Institut für Baukonstruktion TU Dresden, Dresden

Abbildungen 84, 85 (Glasbrücke Schwäbisch Hall): Glas Trösch Beratungs-GmbH, Ulm-Donautal

Abbildung 86 (Glasstec Düsseldorf): René Tillmann, Düsseldorf

Abbildung 87: Andreas Fuchs, Universität Stuttgart IBK Forschung und Entwicklung, Stuttgart

Abbildungen 1, 5, 6, 7, 9, 10, 11, 12, 13, 14, 15, 16, 32, 33, 34, 35, Abbildung 39 (LBBW-Hochhaus Stuttgart), Abbildung 43 (Kronen Carré Stuttgart), Abbildungen 45, 46, 47, Abbildung 48 (Geschäftshaus Königstraße Stuttgart), Abbildungen 49, 50, 51, 52, 53, 54, 55, 56, 57, 58, 60, 61, 62, 63, 64, 65, 67, 68, 69, 70, 71, 72, 73, 74, 75, 76, 77, Abbildung 81 (Kunstgalerie Stuttgart): Andreas Achilles, Diane Navratil, Stuttgart

DIE AUTOREN

Andreas Achilles, Dipl.-Ing., ehemals wissenschaftlicher Mitarbeiter am Institut für Baukonstruktion und Entwerfen an der Universität Stuttgart, ist freier Architekt und Autor in Stuttgart.

Diane Navratil, Regierungsbaumeisterin (Stadtplanung), ist im Stadtplanungsamt in Stuttgart tätig.

Reihenherausgeber: Bert Bielefeld
Konzept: Bert Bielefeld, Annette Gref
Lektorat und Projektkoordination: Annette Gref
Layout und Covergestaltung: Andreas Hidber
Satz und Produktion: Amelie Solbrig

Library of Congress Control Number:
2019937157

Bibliografische Information der Deutschen Nationalbibliothek
Die Deutsche Nationalbibliothek verzeichnet diese Publikation in der Deutschen Nationalbibliografie; detaillierte bibliografische Daten sind im Internet über http://dnb.dnb.de abrufbar.

Dieses Werk ist urheberrechtlich geschützt. Die dadurch begründeten Rechte, insbesondere die der Übersetzung, des Nachdrucks, des Vortrags, der Entnahme von Abbildungen und Tabellen, der Funksendung, der Mikroverfilmung oder der Vervielfältigung auf anderen Wegen und der Speicherung in Datenverarbeitungsanlagen, bleiben, auch bei nur auszugsweiser Verwertung, vorbehalten. Eine Vervielfältigung dieses Werkes oder von Teilen dieses Werkes ist auch im Einzelfall nur in den Grenzen der gesetzlichen Bestimmungen des Urheberrechtsgesetzes in der jeweils geltenden Fassung zulässig. Sie ist grundsätzlich vergütungspflichtig. Zuwiderhandlungen unterliegen den Strafbestimmungen des Urheberrechts.

ISBN 978-3-0356-1988-1
e-ISBN (PDF) 978-3-0356-1254-7
e-ISBN (EPUB) 978-3-0356-1169-4
Englisch Print-ISBN 978-3-7643-8851-5

© 2019 Birkhäuser Verlag GmbH, Basel
Im Westfeld 8, 4055 Basel, Schweiz
Ein Unternehmen der Walter de Gruyter GmbH, Berlin/Boston

9 8 7 6 5 4 3 2 1

www.birkhauser.com

Bei Fragen zur Produktsicherheit wenden Sie sich bitte an:
If you have any questions regarding product safety,
please contact:

Birkhäuser Verlag GmbH
Im Westfeld 8
4055 Basel, Schweiz
productsafety@degruyterbrill.com